Theoretische Physik kompakt IV

Wolfgang Cassing

Theoretische Physik kompakt IV

Quantenstatistik und Thermodynamik

Wolfgang Cassing
Theoretische Physik
Justus-Liebig-Universität Gießen
Gießen, Hessen, Deutschland

ISBN 978-3-031-96449-7   ISBN 978-3-031-96450-3   (eBook)
https://doi.org/10.1007/978-3-031-96450-3

Die Deutsche Nationalbibliothek verzeichnet diese Publikation in der Deutschen Nationalbibliografie; detaillierte bibliografische Daten sind im Internet über https://portal.dnb.de abrufbar.

Übersetzung der englischen Ausgabe: „Theoretical Physics compact IV" von Wolfgang Cassing, © The Editor(s) (if applicable) and The Author(s), under exclusive license to Springer Nature Switzerland AG 2025. Veröffentlicht durch Springer Nature Switzerland. Alle Rechte vorbehalten.
Deutsche Übersetzung der 1. englischen Originalauflage erschienen bei Springer-Verlag GmbH, DE, 2025

Springer Spektrum ist ein Imprint der eingetragenen Gesellschaft Springer Nature Switzerland AG und ist ein Teil von Springer Nature.
Die Anschrift der Gesellschaft ist: Gewerbestrasse 11, 6330 Cham, Switzerland

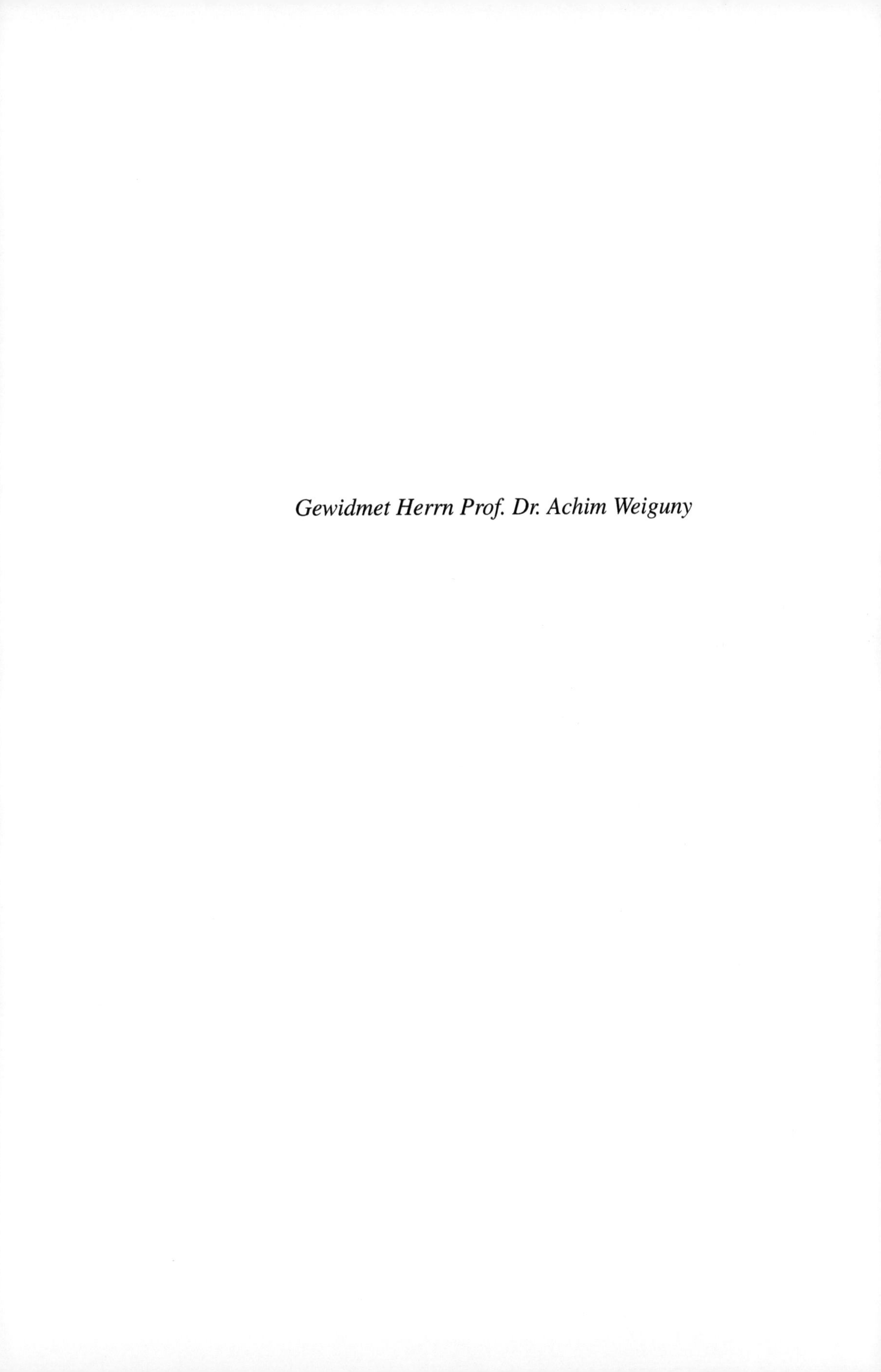

Gewidmet Herrn Prof. Dr. Achim Weiguny

Vorwort

Dieses Buch bietet ein Lehrbuch über Quantenstatistik und Thermodynamik und ist insbesondere für Bachelorstudierende im letzten Jahr ihres Studiums der theoretischen Physik geeignet. Voraussetzungen sind Kenntnisse der klassischen Hamilton-Dynamik, der Quantenmechanik und ihrer Formulierungen in verschiedenen Darstellungen. Grundkenntnisse in Elektrodynamik, insbesondere über elementare elektrische und magnetische Dipole und ihre Wechselwirkungen mit externen elektromagnetischen Feldern sind willkommen.

Entgegen den üblichen Lehrbüchern zur Thermodynamik beginnen wir nicht mit der phänomenologischen Thermodynamik, sondern direkt mit der Quantenmechanik, indem wir den statistischen Operator im Vielteilchen-Hilbertraum definieren. Dies ermöglicht es, die Entropie als den statistischen Mittelwert des negativen Logarithmus des statistischen Operators zu definieren und den Rahmen für irreversible Prozesse in Makrosystemen aufzustellen, auch wenn die Bewegungsgleichungen für elementare Teilchen mikroskopische Reversibilität aufweisen. Statistische Gesamtheiten (Ensembles) werden dann durch das Postulat der maximalen Entropie spezifiziert, und mikrokanonische, kanonische, großkanonische und allgemeine Ensembles werden definiert, die von unserer Kenntnis über Energie, Teilchenzahl und Volumen abhängen. Wenn einige dieser Größen nur im Mittel bekannt sind, werden entsprechende Lagrange-Parameter eingeführt, die die Mittelwerte garantieren. Diese Lagrange-Parameter werden später mit Temperatur, chemischem Potential und Druck in Beziehung gesetzt.

Ein weiteres wichtiges Thema der Quantenmechanik ist die Austausch-Symmetrie von Vielteilchen-Zuständen, die in der klassischen Mechanik kein Analogon hat, d. h. die Symmetrie beim Austausch von zwei Teilchen: Die Wellenfunktionen müssen symmetrisch oder antisymmetrisch bezüglich des Teilchenaustauschs für identische Teilchen sein, was zur Unterscheidung von Bosonen und Fermionen führt, die unterschiedliche Quantisierungsregeln für die Erzeugungs- und Vernichtungsoperatoren haben. Diese Aufspaltung des Hilbertraums in Bosonen und Fermionen hat wichtige Konsequenzen, z. B. für die spezifische Wärme, den thermischen Ausdehnungskoeffizienten und die Besetzungszahlen bei niedrigen Temperaturen. Nur bei niedrigen Dichten und/oder hohen Temperaturen nähern sich diese Größen dem klassischen Grenzfall an. Unabhängig davon nähern sich die verschiedenen Ensembles den klassischen Verteilungsfunktionen an, wenn die Teilchenzahl N groß wird, da die relativen Schwankungen von Energie und Teilchenzahl wie $1/\sqrt{N}$ skalieren.

Im Einklang mit den verschiedenen Ensembles werden thermodynamische Potentiale als Funktion der natürlichen Variablen definiert und ihre totalen Differentiale spezifiziert. Dies führt zu einer Reihe von Maxwell-Beziehungen, die zur Berechnung thermodynamischer Größen verwendet werden können. Die drei Hauptsätze der Thermodynamik werden formuliert und bewiesen und es wird gezeigt, daß das klassische ideale Gas den 3. Hauptsatz der Thermodynamik bei niedrigen Temperaturen verletzt. Isochore, isobare, isotherme und adiabatische Zustandsänderungen werden diskutiert und für die Thermodynamik des Carnot-Kreisprozesses und des Otto-Motors verwendet.

Darüber hinaus werden kleine Abweichungen vom Gleichgewicht untersucht und der Zusammenhang zwischen spontanen Schwankungen physikalischer Größen um ihre Mittelwerte im statistischen Gleichgewicht und erzwungenen Abweichungen von den Mittelwerten durch Störungen des Gleichgewichts in Form äußerer Kräfte hergestellt. Es wird gezeigt, daß diese beiden Phänomene bei schwachen äußeren Störungen eng miteinander verknüpft sind und ihren Ausdruck im Fluktuations-Dissipations-Theorem finden. Zu diesem Zweck führen wir die thermodynamische Störungstheorie ein und berechnen Response-Funktionen für verschiedene Beispiele wie die elektrische Leitfähigkeit oder das Widerstandsrauschen.

Das ideale Fermigas und das Bosegas bieten wichtige Beispiele für die unterschiedlichen Eigenschaften von Bose- und Fermisystemen bei niedrigen Temperaturen, und es wird gezeigt, daß diese Systeme mit dem 3. Hauptsatz der Thermodynamik übereinstimmen. Die Zustandsgleichungen zeigen wichtige Unterschiede im Vergleich zum klassischen Grenzfall, und die Bose-Einstein-Kondensation – im Fall von Bosonen – wird bei niedrigen Temperaturen untersucht. Ein Beispiel für Bose-Systeme ist das Photonengas in einem großen Behälter für welches das Planck'sche Strahlungsgesetz explizit abgeleitet wird. Ein weiteres Beispiel sind Phononen in Festkörpern, die den quantisierten Schwingungen der Bausteine (Atome oder Moleküle) entsprechen.

Darüber hinaus wird der Rahmen für die Beschreibung realer wechselwirkender Systeme in Form der Virialentwicklung vorgestellt und die resultierenden Zustandsgleichungen abgeleitet. Insbesondere wird das klassische Van-der-Waals-System sowie ‚Kernmaterie' als Beispiel für ein wechselwirkendes Fermisystem untersucht. Es zeigt sich, daß beide Systeme einen flüssig-gas förmigen Phasenübergang erster Ordnung aufweisen.

Dieser Band schließt mit einer Herleitung kinetischer Theorien für wechselwirkende Fermisysteme, die die Prozesse beschreiben, die den Übergang von Systemen außerhalb des Gleichgewichts hin zum statistischen Gleichgewicht ermöglichen. Dies führt zur Vlasov-Uehling-Uhlenbeck Gleichung für Fermisysteme oder zur Boltzmann Gleichung im klassischen Grenzfall. Die Lösung dieser Gleichungen kann effizient im Rahmen des Testteilchen-Ansatzes erreicht werden.

Gießen
Oktober 2024

Wolfgang Cassing

Danksagungen

Dieses Buch ist das Ergebnis der Zusammenarbeit mit vielen Studierenden und Mitarbeitern sowie Mitarbeiterinnen über etwa 35 Jahre gemeinsamer Lehre und Forschung. Es folgt den Entwürfen meines Lehrers Prof. Dr. Achim Weiguny, dem dieser Band gewidmet ist. Besonderer Dank gilt meiner Tochter Marie für die Erstellung einiger Abbildungen und hilfreiche Kommentare zu Notation und Darstellungen.

Inhaltsverzeichnis

Abbildungsverzeichnis

Statistische Gesamtheiten 1

Dem Ziel der Berechnung makroskopischer Eigenschaften von Systemen mit sehr vielen Teilchen auf der Basis des mikroskopischen Aufbaus der Materie dient die **statistische Mechanik.** Angelpunkt ist das Konzept der **statistischen Gesamtheit:** anstelle des tatsächlich vorliegenden Systems betrachtet man eine große Anzahl von Kopien dieses Systems, die sich in allen möglichen Zuständen befinden können, welche die vorgegebenen makroskopischen Bedingungen (z. B. konstante Gesamtenergie für ein abgeschlossenes System) erfüllen. Eine statistische Geamtheit ist dann charakterisiert durch die Angabe der Wahrscheinlichkeiten, mit der die mit den makroskopischen Bedingungen verträglichen Zustände (oft auch **Mikrozustände** genannt) in der Gesamtheit vertreten sind. Makroskopische Eigenschaften, die eine zeitliche und räumliche Mittelung über das betrachtete System implizieren, werden dann als Mittelwerte über die statistische Gesamtheit verstanden. Das Konzept der statistischen Gesamtheit setzt zusammen mit den klassischen Bewegungsgleichungen den Rahmen der **klassischen statistischen Mechanik.**

Die Grenzen der klassischen statistischen Mechanik liegen dort, wo die Teilchen des zu untersuchenden Systems nach den Gesetzen der Quantentheorie beschrieben werden müssen, denen grundsätzlich (unabhängig davon, ob das System aus sehr vielen oder nur einigen wenigen besteht) Wahrscheinlichkeitscharakter anhaftet. Selbst bei maximaler Information über das System, d. h. bei Kenntnis der Wellenfunktion Ψ, erhalten wir nur Wahrscheinlichkeitsaussagen über eine Gesamtheit von Systemen, welche gleichartig und in gleicher Weise vollständig präpariert sind. Wir sprechen in diesem Fall von einer **reinen Gesamtheit.** Häufig – insbesondere im Fall vieler Teilchen – kennen wir den Zustand des Systems nicht vollständig, wir wissen nur, das es sich mit gewissen Wahrscheinlichkeiten p_m in den Zuständen $|\Psi_m\rangle$ befindet. (Beipiel: Wahrscheinlichkeiten für die beiden Spin-Einstellungen in einem teilweise polarisierten Strahl freier Elektronen). Eine solche **gemischte Gesamtheit** wird durch den **statistischen Operator** $\rho = \sum_m p_m |\Psi_m\rangle\langle\Psi_m|$ beschrieben. Den Erwartungs-

W. Cassing, *Theoretische Physik kompakt IV,*
https://doi.org/10.1007/978-3-031-96450-3_1

wert einer Observablen A erhält man, indem man zunächst die Matrixelemente $\langle \Psi_m | A | \Psi_m \rangle$ bildet (**quantenmechanischer Mittelwert**) und die erhaltenen Werte mit den Gewichten p_m aufsummiert (**statistischer Mittelwert**). In diesem Band werden wir, von der Quantenmechanik ausgehend, die Quantenstatistik aufbauen und daraus die klassischen Begriffe und Ergebnisse ableiten.

Die statistische Mechanik läßt sich grob in zwei Gebiete aufteilen: die Behandlung des **statistischen Gleichgewichts** ($\partial \rho / \partial t = 0$) und die Beschreibung von **Nichtgleichgewichtsphänomenen** ($\partial \rho / \partial t \neq 0$), insbesondere den Übergang ins statistische Gleichgewicht. Der Schwerpunkt dieses Buches wird auf der Behandlung des statistischen Gleichgewichts und der Berechnung konkreter, makroskopischer Eigenschaften wie spezifischer Wärme oder Suszeptibilität liegen. Erst gegen Ende des Buches werden Konzeptionen der Statistischen Mechanik für dynamische Syteme weit ab vom Gleichgewicht vorgestellt.

Die **statistische Mechanik** bringt gegenüber der **phänomenologischen Thermodynamik** einen wesentlichen Fortschritt: Die Thermodynamik liefert nur Relationen zwischen verschiedenen makroskopischen Größen; die statistische Mechanik erlaubt die Berechnung makroskopischer Größen direkt aus den zugrunde liegenden mikroskopischen (atomaren) Eigenschaften des betrachteten Systems.

Identische Teilchen   2

Inhaltsverzeichnis

Wir wollen uns in diesem Kapitel mit der Behandlung von Systemen identischer Teilchen befassen, also von Systemen, die z. B. nur Elektronen, nur Nukleonen oder nur ^4He-Atome enthalten. Kompliziertere Systeme, wie z. B. ein Gasgemisch, können daraus aufgebaut werden.

2.1   Konzept identischer Teilchen

a) Klassische Mechanik

Für den prinzipiellen Vergleich zwischen der klassischen Mechanik und der Quantenmechanik genügt es, zwei identische Teilchen zu betrachten. Wir nennen zwei Teilchen identisch, wenn alle Observablen symmetrisch gegen Teilchenvertauschung sind,

$$A_{kl.}(1, 2) = A_{kl.}(2, 1). \tag{2.1}$$

Im Rahmen der klassischen Mechanik bewegen die beiden identischen Teilchen sich auf einzelnen Bahnen, die eindeutig festgelegt sind, sofern man die gemäß (2.1) symmetrische Hamiltonfunktion

$$H_{kl.}(1, 2) = H_{kl.}(2, 1), \tag{2.2}$$

© Der/die Autor(en), exklusiv lizenziert an Springer Nature Switzerland AG 2025   5
W. Cassing, *Theoretische Physik kompakt IV*,
https://doi.org/10.1007/978-3-031-96450-3_2

kennt, und Ort und Impuls beider Teilchen zu irgendeiner Zeit $t = t_0$ vorgegeben sind. Aus den Bewegungsgleichungen folgen dann in eindeutiger Weise die Bahnkurven $\mathbf{r}_1(t)$ und $\mathbf{r}_2(t)$. Da es sich um identische Teilchen handelt, bleibt zunächst offen, welchem Teilchen man welche Bahn zuordnet. Diese Willkür stellt aber keine Schwierigkeit dar: hat man zu irgendeiner Zeit t die Zuordnung vorgenommen, so bleibt diese im Laufe der Zeit erhalten; jedes Teilchen bewegt sich auf **seiner Bahn** weiter. In diesem Sinne sind identische Teilchen in der klassischen Mechanik **unterscheidbar.**

b) **Quantenmechanik**

Da in der Quantenmechanik der Bahnbegriff auf Grund des Zerfließens von Wellenpaketen verloren geht, sind identische Teilchen in der Quantentheorie **ununterscheidbar.** Um die Konsequenzen dieser Feststellung zu untersuchen, beachten wir, daß – analog der klassischen Mechanik – jede beliebige Observable eines Systems identischer Teilchen symmetrisch bzgl. Teilchenvertauschung sein muß,

$$A(\xi_1, \xi_2) = A(\xi_2, \xi_1), \tag{2.3}$$

denn andernfalls gäbe es eine Unterscheidungsmöglichkeit. ξ_1, ξ_2 stehen für die Koordinaten der betrachteten Teilchen, -Ort, Spin, Isospin etc. Da speziell auch für den Hamiltonoperator gilt:

$$H(\xi_1, \xi_2) = H(\xi_2, \xi_1), \tag{2.4}$$

ist mit jeder Lösung $\Psi(\xi_1, \xi_2; t)$ der Schrödinger-Gleichung

$$i\hbar\frac{\partial}{\partial t}\,\Psi(\xi_1, \xi_2; t) = H(\xi_1, \xi_2)\Psi(\xi_1, \xi_2; t) \tag{2.5}$$

auch $\Psi(\xi_2, \xi_1; t)$ Lösung von (2.5). Für ein System identischer Teilchen gibt es also außer den vom Einteilchenproblem bekannten Möglichkeiten der Entartung: die **Austauschentartung.**

Beispiel: Von zwei unabhängigen, identischen Teilchen, die sich in einem Oszillator-Potential bewegen, kann z. B. ein Teilchen sich im $1\,s$ – Zustand, das andere im $1p$ – Zustand befinden. Die Wellenfunktion

$$\Psi(\xi_1, \xi_2) = \varphi_{1\,s}(\xi_1)\varphi_{1p}(\xi_2) \tag{2.6}$$

und

$$\Psi(\xi_2, \xi_1) = \varphi_{1\,s}(\xi_2)\varphi_{1p}(\xi_1) \tag{2.7}$$

sind dann entartet.

Diese experimentell nicht behebbare Austauschentartung zerstört die Möglichkeit einer eindeutigen Beschreibung eines vollständig präparierten Systems durch einen Hilbert – Vektor. Um diese fundamentale Annahme der Quantentheorie beibehalten zu können, muß man im Falle identischer Teilchen ein weiteres Postulat – das **Pauli-Prinzip** – hinzunehmen:

Für ein System identischer Teilchen sind nur solche Zustände realisierbar, die entweder total symmetrisch oder total antisymmetrisch bzgl. Teilchenvertauschung sind.

Für unseren Fall von zwei identischen Teilchen bedeutet dies, daß als mögliche Zustände nur die Kombinationen

$$\Psi_s(\xi_1, \xi_2) = \frac{1}{\sqrt{2}}(\Psi(\xi_1, \xi_2) + \Psi(\xi_2, \xi_1)) \tag{2.8}$$

für Bosonen und

$$\Psi_a(\xi_1, \xi_2) = \frac{1}{\sqrt{2}}(\Psi(\xi_1, \xi_2) - \Psi(\xi_2, \xi_1)) \tag{2.9}$$

für Fermionen in Frage kommen. Eine solche Einteilung der möglichen Zustände eines Systems identischer Teilchen in zwei Klassen – **Bosonen** und **Fermionen** – gibt es in der klassischen Mechanik nicht.

Die im Pauli-Prinzip ausgesprochene Einengung des Zustandsraumes auf total symmetrische oder total antisymmetrische Zustände ist mit der Dynamik kompatibel, d. h. ein symmetrischer Zustand bleibt für alle Zeiten symmetrisch, ein antisymmetrischer Zustand bleibt antisymmetrisch. Aus (2.4) folgt, daß

$$[H, \Pi_{12}] = 0, \tag{2.10}$$

wenn Π_{12} den Operator der Teilchenvertauschung bezeichnet. Die Eigenzustände von H lassen sich also stets so wählen, daß sie auch Eigenzustände von Π_{12} sind: die Gleichungen

$$H(\xi_1, \xi_2)\Psi(\xi_1, \xi_2) = E\,\Psi(\xi_1, \xi_2) \tag{2.11}$$

$$\Pi_{12}\Psi(\xi_1, \xi_2) = p\,\Psi(\xi_1, \xi_2) \tag{2.12}$$

sind simultan lösbar. Da zweimalige Permutation zum Ausgangszustand zurückführt,

$$\Pi_{12}^2 \Psi(\xi_1, \xi_2) = \Pi_{12}\Psi(\xi_2, \xi_1) = \Psi(\xi_1, \xi_2) \qquad (2.13)$$

folgt

$$p^2 = 1 \rightarrow p = \pm 1. \qquad (2.14)$$

Die Eigenwerte von $p = \pm 1$ von Π_{12}, die genau zu den nach dem Pauli-Prinzip einzig möglichen Zuständen führen, sind wegen (2.10) **gute Quantenzahlen.** Das Pauli-Prinzip ist also mit der Dynamik des Systems kompatibel. Auch durch einen Eingriff von außen in Form einer Störung H' ist kein Übergang möglich zwischen symmetrischen ($|\Psi_s >$) und antisymmetrischen ($|\Psi_a >$) Zuständen, denn

$$\langle \Psi_s | H' | \Psi_a \rangle = \langle \Psi_s | \Pi_{12} H' | \Psi_a \rangle = \langle \Psi_s | H' \Pi_{12} | \Psi_a \rangle = -\langle \Psi_s | H' | \Psi_a \rangle = 0, \qquad (2.15)$$

da analog (2.4) auch $H'(\xi_1, \xi_2) = H'(\xi_2, \xi_1)$ sein muß. Damit ist die lineare Konsistenz von Pauli-Prinzip und Quantentheorie nachgewiesen.

2.2 Statistik

Daß der Unterschied des Konzepts identischer Teilchen in der klassischen Mechanik und in der Quantenmechanik nicht rein akademisch ist, sondern handfeste Konsequenzen hat, zeigt das folgende einfache **Beispiel:** Wir betrachten ein System aus zwei identischen Teilchen, die sich nur in zwei möglichen Einteilchenzuständen α, β aufhalten können. Dann gibt es folgende Verteilungsmöglichkeiten:

1. **Klassische Teilchen**
   Hier können

   (1) beide Teilchen im Zustand α
   (2) beide Teilchen im Zustand β
   (3) ein Teilchen in α, das andere in β

   sein. Fall (3) kann wegen der Unterscheidbarkeit auf zweierlei Weise realisiert werden. Daher kommen den drei Möglichkeiten im statistischen Mittel folgende Gewichte zu:

$$\begin{array}{ccc} (1) & (2) & (3) \\ \frac{1}{4} & \frac{1}{4} & \frac{1}{2} \end{array} \qquad (2.16)$$

2. **Fermionen**

Hier sind die Möglichkeiten (1) und (2) verboten, also lauten die Gewichtsfaktoren:

$$
\begin{array}{ccc}
(1) & (2) & (3) \\
0 & 0 & 1
\end{array}
\tag{2.17}
$$

und Fall (3) ist realisiert durch die Wellenfunktion $\frac{1}{\sqrt{2}}(\varphi_\alpha(\xi_1)\varphi_\beta(\xi_2) - \varphi_\alpha(\xi_2)\varphi_\beta(\xi_1))$.

3. **Bosonen**

Die Anordnungen (1) und (2) sind möglich, jedoch kann im Unterschied zu 1. Fall (3) nur auf eine Weise verwirklicht werden, da der Gesamtzustand symmetrisch sein muß. Die Gewichtsfaktoren und Wellenfunktionen sind also:

$$
\begin{aligned}
&\tfrac{1}{3}\ \varphi_\alpha(\xi_1)\varphi_\alpha(\xi_2) && (1)\\[4pt]
&\tfrac{1}{3}\ \varphi_\beta(\xi_1)\varphi_\beta(\xi_2) && (2)\\[4pt]
&\tfrac{1}{3}\ \tfrac{1}{\sqrt{2}}(\varphi_\alpha(\xi_1)\varphi_\beta(\xi_2) + \varphi_\beta(\xi_1)\varphi_\alpha(\xi_2)) && (3)
\end{aligned}
\tag{2.18}
$$

2.3   Pauli-Prinzip für N identische Teilchen

Analog dem Fall für zwei Teilchen verlangen wir für N identische Teilchen, daß nur solche Zustände möglich sind, für die bei beliebig herausgegriffenem Teilchenpaar (i, j) entweder

$$
\Pi_{ij}\Psi(\xi_1, ..., \xi_N) = +\Psi(\xi_1, ..., \xi_N)
\tag{2.19}
$$

oder

$$
\Pi_{ij}\Psi(\xi_1, ..., \xi_N) = -\Psi(\xi_1, ..., \xi_N)
\tag{2.20}
$$

gilt.

Diese Forderung ist in sich widerspruchsfrei: wenn für irgendein Teilchenpaar (i, j) das $+(-)$ gilt, so auch für jedes andere Teilchenpaar des betrachteten Systems. Wenn für (1,2) gilt

$$
\Pi_{12}\Psi = +\Psi
\tag{2.21}
$$

so folgt mit

$$
\Pi_{ij} = \Pi_{1j}\Pi_{2i}\Pi_{12}\Pi_{1j}\Pi_{2i},
\tag{2.22}
$$

daß

$$\Pi_{ij}\Psi = \Pi_{12}\Psi = +\Psi \qquad (2.23)$$

unabhängig davon, ob Π_{1j} und Π_{2i} im Zustand Ψ den Eigenwert $+1$ oder -1 haben, da diese Operatoren in (2.22) jeweils zweimal auftreten.

2.4   Zusammengesetzte Teilchen

Alle bislang bekannten Elementarteilchen lassen sich als Bosonen oder Fermionen klassifizieren. Dabei gilt ohne Ausnahme, daß Bosonen ganzzahligen Spin, Fermionen halbzahligen Spin haben.

Beispiele: Fermionen sind z. B. Elektronen, Protonen, Neutronen, Neutrinos -Spin 1/2 - Teilchen -; dagegen sind Photonen, Pionen, Phononen ($\equiv$ Gitterschwingungen in Kristallen) Bosonen. Atomkerne sind Bosonen bei gerader, Fermionen bei ungerader Nukleonenzahl, vorausgesetzt, daß man die ‚Atomkerne' als Teilchen behandeln darf. Dies ist der Fall in Molekül- und Festkörperphysik. Zum Beweis der oben behaupteten Eigenschaft von Atomkernen betrachten wir zwei gleiche Kerne mit je Z Protonen und N Neutronen, – insgesamt also $2Z + 2N = 2A$ Teilchen. Vertauschung der beiden Kerne bedeutet dann Vertauschung der Nukleonen des einen Kerns mit denen des anderen, – dies sind insgesamt A Vertauschungen. Da die Wellenfunktion Ψ bei jeder einzelnen Vertauschung zweier Fermionen das Vorzeichen wechselt, gilt

$$\tilde{\Pi}_{12}\Psi = (-)^A \Psi, \qquad (2.24)$$

wenn $\tilde{\Pi}_{12}$ der Operator der Vertauschung der beiden identischen Kerne ist. Die Erweiterung auf mehr als zwei identische Kerne ist trivial; es gilt also wie behauptet: Kerne mit gerader Nukleonenzahl verhalten sich wie Bosonen (z. B. ^4He). Diese Eigenschaften zusammengesetzter Teilchen werden sich z. B. bei der Berechnung der spezifischen Wärme eines idealen Gases zweiatomiger Moleküle als wesentlich erweisen.

Teil II

Grundlagen der statistischen Physik

Konzept der statistischen Gesamtheit 3

Inhaltsverzeichnis

In diesem Kapitel werden wir den Unterschied zwischen Mikro- und Makrozuständen diskutieren und den statistischen Operator in der Quantenmechanik einführen. Observable werden dann durch Matrixelemente innerhalb der Mikrozustände und durch einen statistischen Mittelwert über das Ensemble definiert. Die Unterschiede zur klassischen Dichtefunktion werden explizit hervorgehoben.

3.1 Mikro- und Makrozustände

Ein System N identischer Teilchen ist vollständig beschrieben, wenn seine Wellenfunktion $\Psi(\xi_1...\xi_N; t)$ bekannt ist; in der klassischen Physik geben die Koordinaten $q_i(t)$ und Impulse $p_i(t)$ eine vollständige Beschreibung. Einen solchen vollständig determinierten Zustand wollen wir im folgenden **Mikrozustand** nennen. Er beschreibt im Rahmen der Quantentheorie eine **reine Gesamtheit** (vgl. Quantentheorie). Für makroskopische Dimensionen ($N \sim 10^{23}$) ist eine solche vollständige Beschreibung in der Praxis unmöglich. Ein makroskopisches System können wir praktisch nur durch makroskopische Meßgrößen wie Gesamtenergie E, Volumen V, Temperatur T etc. charakterisieren. Einen solchen durch einige wenige makroskopische Größen bestimmten Zustand nennen wir **Makrozustand**. Derselbe Makrozustand kann im allgemeinen durch eine große Anzahl von Mikrozuständen realisiert werden.

© Der/die Autor(en), exklusiv lizenziert an Springer Nature Switzerland AG 2025
W. Cassing, *Theoretische Physik kompakt IV*,
https://doi.org/10.1007/978-3-031-96450-3_3

Beispiele:

i) Für drei unabhängige, gleichartige Oszillatoren kann ein Zustand mit vorgegebener Gesamtenergie $E = \hbar\omega(3/2 + 3) = 9/2\hbar\omega$ auf verschiedene Weise realisiert werden (siehe Abb. 3.1).

ii) Drei Teilchen mit Spin 1/2 seien an verschiedenen Raumpunkten lokalisiert (paramagnetischer Kristall); je nach Spinstellung $\vec{\sigma}$ relativ zur Richtung eines äußeren Magnetfeldes sei das magnetische Moment $+\mu(-\mu)$. Der Zustand mit Gesamtmoment $-\mu$ kann auf verschiedene Arten realisiert werden (siehe Abb. 3.2). Offensichtlich nimmt die Zahl der Realisierungsmöglichkeiten mit wachsendem N zu.

Um die makroskopischen Eigenschaften eines Systems vieler identischer Teilchen zu bestimmen, geht man in der statistischen Mechanik nun wie folgt vor: Anstelle des tatsächlich vorhandenen Systems (z. B. ein Gas mit N Molekülen), von dem man bestimmte makroskopische Eigenschaften (z. B. die spezifische Wärme) berechnen möchte, betrachtet man eine große Anzahl von gedachten Kopien dieses Systems, welche sich in all den Mikrozuständen befinden können, die mit bestimmten makroskopisch vorgegebenen Bedingungen (z. B. konstante Gesamtenergie für ein abgeschlossenes System) verträglich sind. Eine solche **statistische Gesamtheit** ist charakterisiert durch die Verteilung der einzelnen Systeme auf die möglichen Mikrozustände. In der Quantentheorie benutzt man den **statistischen Operator** ρ (auch die Bezeichnung Dichteoperator ist gebräuchlich) (vgl. Quantentheorie), klassisch

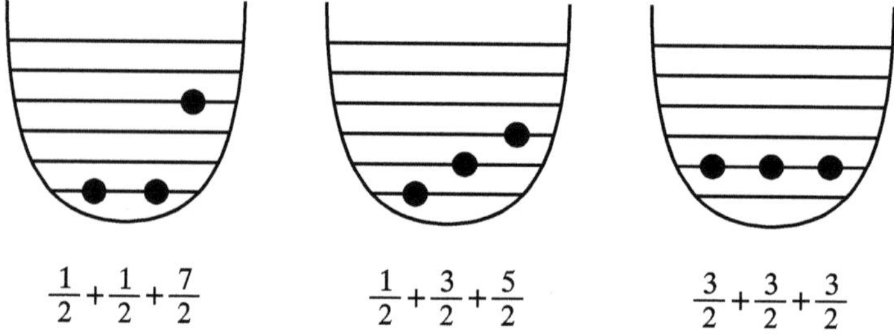

Abb. 3.1 Mögliche Realisierungen eines Makrozustandes mit Energie $9/2\hbar\omega$ für 3 identische Oszillatoren

Abb. 3.2 Drei Teilchen mit Spin 1/2 lokalisiert an verschiedenen Raumpunkten (paramagnetischer Kristall); je nach Spinstellung $\vec{\sigma}$ relativ zur Richtung eines äußeren Magnetfeldes kann das magnetische Moment $+\mu$ $(-\mu)$ sein

die Dichtefunktion $\rho_{kl.}$ im $6N$-dimensionalen Phasenraum, um eine statistische Gesamtheit zu beschreiben.

Kennt man ρ bzw. $\rho_{kl.}$, so berechnet man makroskopische Eigenschaften des tatsächlichen Systems durch Mittelwertbildung über die statistische Gesamtheit. Als Maß dafür, wie verläßlich solche Mittelwerte sind, kann man die relativen mittleren quadratischen Schwankungen betrachten. Es wird sich zeigen, daß diese mit wachsender Teilchenzahl N abnehmen.

Bemerkung: Die N Teilchen eines Systems können miteinander wechselwirken (z. B. die Atome oder Moleküle eines realen Gases) oder auch nicht (ideales Gas). Dagegen impliziert das Konzept der statistischen Gesamtheit, daß die einzelnen Systeme der Gesamtheit sich stets unabhängig voneinander verhalten.

3.2 Der statistische Operator

Wenn $|\Psi_m\rangle$ die möglichen Mikrozustände sind und p_m die relativen Wahrscheinlichkeiten dafür, daß sich Systeme der Gesamtheit im Zustand $|\Psi_m\rangle$ befinden, so läßt sich der statistische Operator ρ schreiben als (vgl. Quantentheorie)

$$\rho = \sum_m p_m |\Psi_m\rangle\langle\Psi_m| \quad \text{mit} \sum_m p_m = 1. \tag{3.1}$$

Im Schrödinger-Bild ist $|\Psi_m\rangle$ und damit ρ zeitabhängig. Schreiben wir die Zeitentwicklung von $|\Psi_m\rangle$ als

$$|\Psi_m(t)\rangle = U(t, t_0)|\Psi_m(t_0)\rangle, \tag{3.2}$$

so wird (Quantentheorie)

$$\rho(t) = U(t, t_0)\rho(t_0)U^\dagger(t, t_0) \tag{3.3}$$

oder nach Differentiation bzgl. t

$$i\hbar\frac{\partial}{\partial t}\rho = [H, \rho]. \tag{3.4}$$

Wichtige Spezialfälle:

1. **Reine Gesamtheiten**
   Wenn

$$\rho = |\Psi_m\rangle\langle\Psi_m|, \tag{3.5}$$

so liegt eine **reine Gesamtheit** vor; man besitzt die maximal mögliche Information über das System. Alle Systeme der Gesamtheit befinden sich mit Sicherheit im Zustand $|\Psi_m\rangle$. Aus (3.5) folgt

$$\rho^2 = \rho \tag{3.6}$$

für reine Gesamtheiten. Umgekehrt ist durch (3.6) eine reine Gesamtheit charakterisiert, wenn ρ – wie üblicherweise angenommen – so normiert ist, daß (vgl. (3.1))

$$Sp\{\rho\} = 1, \ \text{d. h.} \ \sum_m p_m = 1. \tag{3.7}$$

2. **Statistisches Gleichgewicht**
   Von besonderem Interesse in der statistischen Mechanik ist der Fall des statistischen Gleichgewichts, definiert durch

$$\frac{\partial}{\partial t}\, \rho = 0. \tag{3.8}$$

Er kann auf zweierlei Weise realisiert werden, nämlich durch

$$\rho = \rho_0 \cdot 1 \tag{3.9}$$

oder durch

$$\rho = \rho(Q) \tag{3.10}$$

wenn Q eine Erhaltungsgröße ist; speziell also

$$\rho = \rho(H). \tag{3.11}$$

Mit (3.4) folgt aus (3.9) bzw. (3.10) sofort (3.8). Bei der Besprechung der praktisch wichtigen Gleichgewichts-Gesamtheiten werden wir auf (3.9) bzw. (3.10) zurückkommen.

3.3 **Statistische Mittelwerte**

Kennt man den statistischen Operator ρ für ein System unter bestimmten makroskopischen Bedingungen (z. B. feste Teilchenzahl, konstanter Druck, ...), so berechnet sich der Mittelwert einer Observablen A über die statistische Gesamtheit als

$$\langle A \rangle = Sp\{\rho A\} = \sum_{i,m} \langle \Psi_i | \Psi_m \rangle \langle \Psi_m | A | \Psi_i \rangle \, p_m = \sum_{i,m} \delta_{im} \, p_m \langle \Psi_m | A | \Psi_i \rangle \qquad (3.12)$$

$$= \sum_{m} p_m \langle \Psi_m | A | \Psi_m \rangle = Sp\{A\rho\}.$$

Gl. (3.12) zeigt, daß in die Berechnung von $\langle A \rangle$ außer der **statistischen** Mittelwertbildung

$$\langle A \rangle = \sum_{m} p_m A_m \qquad (3.13)$$

mit

$$A_m = \langle \Psi_m | A | \Psi_m \rangle \qquad (3.14)$$

noch eine **quantenmechanische** Mittelwertbildung in Form des Erwartungswertes (3.14) eingeht.

Um den Unterschied deutlich zu machen, vergleichen wir den statistischen Mittelwert (3.13) für die durch (3.1) beschriebene statistische Gesamtheit mit dem Erwartungswert von A in dem reinen Zustand

$$|\Psi(t)\rangle = \sum_{m} c_m(t) |\Phi_m\rangle, \qquad (3.15)$$

d. h.

$$\langle \Psi | A | \Psi \rangle = \sum_{m,n} c_m^* c_n \langle \Phi_m | A | \Phi_n \rangle, \qquad (3.16)$$

vorausgesetzt, daß $|\Psi\rangle$ normiert ist:

$$\sum_{m} |c_m|^2 = 1 \qquad (3.17)$$

bei orthonormierten Zuständen $|\Phi_m\rangle$. Im Gegensatz zu (3.13), wo die p_m als Wahrscheinlichkeiten reelle, positive Zahlen sind, sind die Koeffizienten in (3.16) im allgemeinen komplex; sie hängen von den Phasen der Koeffizienten $c_m(t)$ ab. – Der Erwartungswert $\langle \Psi | A | \Psi \rangle$ der Observablen A ist insgesamt natürlich reell! – Nur wenn die $|\Phi_m\rangle$ Eigenzustände zu A sind

$$A|\Phi_m\rangle = a_m |\Phi_m\rangle, \qquad (3.18)$$

erhält (3.16) die Form eines statistischen Mittelwertes

$$\langle \Psi | A | \Psi \rangle = \sum_m |c_m|^2 a_m. \tag{3.19}$$

Die Form (3.19) für den Erwartungswert einer Observablen A ist Ansatzpunkt zur statistischen Interpretation der Quantenmechanik (vgl. Quantentheorie).

Um Mißverständnisse zu vermeiden sei nochmals betont: eine statistische (oder gemischte) Gesamtheit ρ wird beschrieben durch die **reellen Zahlen** p_m, welche die Wahrscheinlichkeiten dafür angeben, daß in der Gesamtheit der Zustand $|\Psi_m\rangle$ realisiert ist; dagegen wird ein reiner Zustand $|\Psi\rangle$ charakterisiert durch seine **komplexen Entwicklungskoeffizienten** $c_m(t)$ in einer orthonormierten Basis $|\Phi_m\rangle$. Während in einem reinen Zustand auf Grund fester Phasenbeziehungen (gegeben durch die komplexen Zahlen $c_m(t)$) Interferenz zwischen den $|\Phi_m\rangle$ möglich ist (vgl. (3.16)!), ist dies für eine gemischte Gesamtheit nicht möglich, wie Gl. (3.12) zeigt. Mit anderen Worten: eine statistische Gesamtheit wird durch eine **inkohärente Überlagerung** von Zuständen beschrieben, eine reine Gesamtheit durch eine **kohärente Überlagerung.**

Der statistische Mittelwert $\langle A \rangle$ muß natürlich unabhängig davon sein, in welcher Basis die Spur-Bildung erfolgt. Dies ist in der Tat der Fall: wir entwickeln $|\Psi_i\rangle$ in einer vollständigen orthonormierten Basis $|\Phi_\nu\rangle$,

$$|\Psi_i\rangle = \sum_\nu a_{i\nu} |\Phi_\nu\rangle, \tag{3.20}$$

und finden wegen der Unitarität der Matrix $a_{i\nu}$,

$$\sum_i \langle \Psi_i | \rho A | \Psi_i \rangle = \sum_i \sum_{\mu\nu} a_{i\mu}^* a_{i\nu} \langle \Phi_\mu | \rho A | \Phi_\nu \rangle \tag{3.21}$$

$$= \sum_{\mu\nu} \delta_{\mu\nu} \langle \Phi_\mu | \rho A | \Phi_\nu \rangle = \sum_\mu \langle \Phi_\mu | \rho A | \Phi_\mu \rangle.$$

Für die in (3.8) definierten stationären Gesamtheiten sind die statistischen Mittelwerte (wie zu erwarten) unabhängig von der Zeit t, denn ρ hängt nach (3.8) im statistischen Gleichgewicht nicht von t ab. Observable sind im Schrödinger-Bild zeitunabhängig, und die Spur-Bildung können wir uns in der Basis der stationären Zustände zum Hamilton-Operator H des Systems ausgeführt denken.

3.4 Die klassische Dichtefunktion ρ_{kl}

Wir wollen im Folgenden kurz die klassische Beschreibung einer statistischen Gesamtheit skizzieren und die Analogie zur Quantenstatistik deutlich machen.

Ein klassisches mechanisches System ist vollständig beschrieben durch die Angabe der Orts- und Impuls-Koordinaten der Teilchen als Funktion der Zeit,

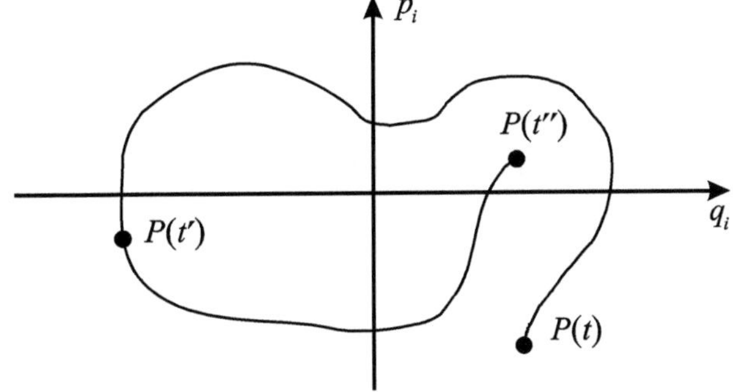

Abb. 3.3 Bahn im Phasenraum; $P(t) \equiv$ Zustand des betrachteten Systems zur Zeit t

$$\{q_i(t),\, p_i(t)\}; \quad i = 1, ..., 3N. \tag{3.22}$$

In dem $6N$ – dimensionalen Raum der Koordinaten q_i, p_i wird das N-Teilchen-System zu jedem Zeitpunkt t durch einen Punkt dargestellt; man nennt diesen Raum den **Phasenraum.** Im Laufe der Zeit bewegt sich der das System charakterisierende **Phasenpunkt** gemäß den Bewegungsgleichungen

$$\dot{p}_i = -\frac{\partial}{\partial q_i}\, H_{kl.}; \qquad \dot{q}_i = \frac{\partial}{\partial p_i}\, H_{kl.} \tag{3.23}$$

mit $H_{kl.} = H_{kl.}(q_i,\, p_i)$ als Hamilton-Funktion, auf einer Trajektorie durch den Phasenraum (siehe Abb. 3.3).

Eine statistische Gesamtheit von Systemen beschreiben wir dann durch eine Dichtefunktion $\rho_{kl.} = \rho_{kl.}(q_i,\, p_i;\, t)$ im Phasenraum, welche die Wahrscheinlichkeit angibt, zur Zeit t ein System der Gesamtheit im Phasenpunkt $\{q_i,\, p_i\}$ anzutreffen (Abb. 3.4).

Da die Zahl M der Systeme der Gesamtheit fest ist, können wir $\rho_{kl.}$ so normieren, daß

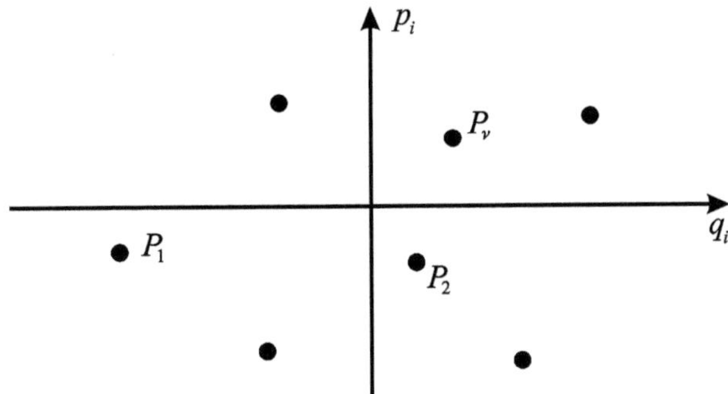

Abb. 3.4 Momentaufnahme einer Gesamtheit vom Systemen im Phasenraum für $M=7$

$$\int \prod_{i=1}^{3N} dq_i dp_i \; \rho_{kl.}(q_i, p_i; t) = 1. \tag{3.24}$$

Wir untersuchen nun das Zeitverhalten von $\rho_{kl.}$. Da die Gesamtzahl der Systeme der Gesamtheit fest ist, ist die Zahl der Phasenpunkte, die ein bestimmtes Volumen im Phasenraum pro Sekunde verlassen, gleich der Abnahme der Phasenpunkte in diesem Volumen. Diesen **Erhaltungssatz** fassen wir (etwa in Analogie zur Ladungserhaltung im 3-dim. Raum) in Form einer Kontinuitätsgleichung in $6N$ Dimensionen

$$\frac{\partial}{\partial t} \rho_{kl.} + div(\rho_{kl.}\mathbf{v}_{kl.}) = 0 \tag{3.25}$$

mit

$$\mathbf{v}_{kl.} =: (\dot{q}_i, \dot{p}_i), \tag{3.26}$$

$$div =: (\frac{\partial}{\partial q_i}, \frac{\partial}{\partial p_i}). \tag{3.27}$$

Gl. (3.25) läßt sich in eine kompakte Form bringen, welche die Analogie zwischen klassischer Verteilungsfunktion $\rho_{kl.}$ und statistischem Operator ρ deutlich macht. Dazu formen wir um

$$div(\rho_{kl.}\mathbf{v}_{kl.}) = \sum_{i=1}^{3N}(\frac{\partial}{\partial q_i}(\rho_{kl.}\dot{q}_i) + \frac{\partial}{\partial p_i}(\rho_{kl.}\dot{p}_i)) \tag{3.28}$$

$$= \sum_{i=1}^{3N}(\frac{\partial \rho_{kl.}}{\partial q_i}\dot{q}_i + \frac{\partial \rho_{kl.}}{\partial p_i}\dot{p}_i) + \sum_{i=1}^{3N} \rho_{kl.}(\frac{\partial \dot{p}_i}{\partial p_i} + \frac{\partial \dot{q}_i}{\partial q_i})$$

und beachten, daß der letzte Term in (3.28) vermöge der Bewegungsgleichungen verschwindet. Gl. (3.25) lautet dann

$$\frac{\partial}{\partial t}\rho_{kl.} + \sum_i \frac{\partial \rho_{kl.}}{\partial q_i}\dot{q}_i + \sum_i \frac{\partial \rho_{kl.}}{\partial p_i}\dot{p}_i = 0, \tag{3.29}$$

woraus mit Hilfe von (3.23) und der Definition der Poisson-Klammern folgt:

$$\frac{\partial}{\partial t}\rho_{kl.} = \{H_{kl.}, \rho_{kl.}\}. \tag{3.30}$$

Gl. (3.30) entspricht Gl. (3.4) und läuft unter dem Namen **Liouville-Gleichung**; im Hinblick auf (3.29) findet man häufig auch die Formulierung:

Eine klassische statistische Gesamtheit befindet sich im statistischen Gleichgewicht, wenn

$$\frac{d}{dt}\rho_{kl.} = 0. \tag{3.31}$$

Dieser Fall ist auf zweierlei Weise realisierbar, nämlich durch

$$\rho_{kl.}(q_i, p_i; t) = \text{const.} \tag{3.32}$$

oder durch

$$\rho_{kl.} = \rho_{kl.}(Q_{kl.}), \tag{3.33}$$

wenn $Q_{kl.}$ eine Erhaltungsgröße ist. Im Falle von (3.32) ist trivialerweise (3.31) erfüllt; im Fall (3.33) folgt zunächst aus der Eigenschaft von $Q_{kl.}$ als Erhaltungsgröße

$$\frac{d}{dt}Q_{kl.} = \sum_i \left(\frac{\partial Q_{kl.}}{\partial q_i}\dot{q}_i + \frac{\partial Q_{kl.}}{\partial p_i}\dot{p}_i\right) = 0. \tag{3.34}$$

Aus (3.33) ergibt sich dann:

$$\frac{\partial}{\partial t}\rho_{kl.} = -\frac{d\rho_{kl.}}{dQ_{kl.}}\sum_i\left(\frac{\partial Q_{kl.}}{\partial q_i}\dot{q}_i + \frac{\partial Q_{kl.}}{\partial p_i}\dot{p}_i\right) = 0, \; q.e.d. \tag{3.35}$$

Mit der Normierung (3.24) erhalten wir für eine Observable $A_{kl.}$ als Mittelwert über die durch $\rho_{kl.}$ beschriebene Gesamtheit

$$\langle A_{kl.}\rangle = \int \prod_{i=1}^{3N} dq_i dp_i \, \rho_{kl.}(q_i, p_i; t) A_{kl.}(q_i, p_i). \tag{3.36}$$

3.5 Zusammenfassung

Als fundamentale Aufgaben der statistischen Mechanik ergeben sich:

1. **Bestimmung von** ρ bzw. $\rho_{kl.}$ in Abhängigkeit von dem betrachteten System unter den jeweiligen makroskopischen Bedingungen. Auf diesen Punkt werden wir für den Fall des statistischen Gleichgewichts in Kap. 7 eingehen.
2. **Berechnung makroskopischer Eigenschaften** bei bekanntem ρ bzw. $\rho_{kl.}$.

Für Größen, denen in der Quantentheorie eine Observable korrespondiert, dargestellt durch einen selbstadjungierten Operator, benutzen wir das Verfahren der Mittelwertbildung aus Abschn. 3.3. Die innere Energie U eines Systems z. B. berechnen wir als

$$U = Sp\{\rho H\}, \tag{3.37}$$

wobei H der Hamiltonoperator des Systems ist. Ebenso für die Magnetisierung

$$\langle \vec{M} \rangle = Sp\{\rho \vec{\mu}\}. \tag{3.38}$$

Die zweite Klasse makroskopischer Größen sind Parameter wie Volumen, äußere Felder (hier sind makroskopische, klassische Felder gemeint), räumliche Position des zu untersuchenden makroskopischen Systems etc.; von solchen Parametern nehmen wir an, daß wir sie mit jeder gewünschten Genauigkeit bestimmen können. Die beiden wichtigsten – Volumen, äußere Felder – gehen als Parameter über die Wellenfunktion in die Theorie ein; **Beispiele:** Normierungsvolumen V, Magnetfeld **B**. Schließlich gibt es im Rahmen der Thermodynamik Größen, die weder in der klassischen Mechanik noch in der Quantentheorie vorkommen, z. B. **Entropie** S, **Temperatur** T, **chemisches Potential** μ etc.

Zusammenfassend haben wir in diesem Kapitel den Unterschied zwischen Mikro- und Makrozuständen herausgestellt und den statistischen Operator in der Quantenmechanik eingeführt. Observable wurden durch Matrixelemente innerhalb der Mikrozustände und durch einen statistischen Mittelwert über das Ensemble definiert. Die Unterschiede zur klassischen Dichtefunktion wurden aufgezeigt und im Detail diskutiert.

Statistische Definition der Entropie 4

Inhaltsverzeichnis

In diesem Kapitel werden wir die Entropie S als Maß für fehlende Informationen einführen. Es wird sich herausstellen, daß die Entropie S in der Quantenmechanik streng durch den Mittelwert des negativen Logarithmus des statistischen Operators ρ definiert werden kann. Wenn man sich auf die Diagonalelemente des statistischen Operators in einer approximativen Basis beschränkt, kann gezeigt werden, daß die Entropie mit der Zeit zunimmt, d. h. $S(t) \geq S(0)$ für $t > 0$. Außerdem wird der Unterschied zwischen Mikro-Reversibilität und Makro-Irreversibilität diskutiert und die allgemeinen Postulate der statistischen Mechanik formuliert.

4.1 Entropie als Maß für fehlende Information

Statistik benutzt man dann, wenn man trotz unvollständiger Information über ein System von makroskopischer Dimension Aussagen über makroskopische Eigenschaften machen möchte. Es liegt deshalb nahe, nach einem quantitativen Maß für **Information** zu suchen.

Über einen Gegenstand unseres Interesses (z. B. die Wetterlage) gewinnen wir Information in Form von **Nachrichten** (Angabe der Windstärke, Lufttemperatur etc.). Je unwahrscheinlicher eine Nachricht ist, desto größer der Gewinn an Information, wenn man diese Nachricht tatsächlich empfängt. Insbesondere bringt eine mit Sicherheit zu erwartende Nach-

W. Cassing, *Theoretische Physik kompakt IV*,
https://doi.org/10.1007/978-3-031-96450-3_4

richt keine Information. Wenn die Wahrscheinlichkeit, die Nachricht i zu erhalten, p_i ist $(0 \leq p_i \leq 1)$, so muß die Information I (≥ 0), die wir durch Erhalt der Nachricht i erhalten würden, anwachsen, wenn p_i abnimmt. **In Formeln:**

$$I(p_i) = 0 \qquad \text{falls } p_i = 1 \tag{4.1}$$

und

$$I(p_i) \geq I(p_i') \qquad \text{falls } p_i \leq p_i'. \tag{4.2}$$

Die konkrete Form der Funktion $I(p_i)$ ergibt sich aus der plausiblen Annahme, daß die **Information bei voneinander unabhängigen Nachrichten additiv ist.** Wenn p_i, p_j die Wahrscheinlichkeiten der voneinander unabhängigen Nachrichten i, j sind, so ist die Wahrscheinlichkeit beide Nachrichten zu erhalten das Produkt $p_i p_j$. Die **Additivität der Information** besagt dann

$$I(p_i p_j) = I(p_i) + I(p_j). \tag{4.3}$$

Lösung der Gl. (4.1)–(4.3) ist

$$I(p_i) = -C \ln p_i \tag{4.4}$$

mit $C > 0$ als einer Konstanten und $0 \leq p_i \leq 1$.

Nach diesen Vorbemerkungen über die Grundlagen der Informationstheorie betrachten wir eine statistische Gesamtheit, deren Systeme sich mit den Wahrscheinlichkeiten p_i in den Mikrozuständen $|\Psi_i\rangle$ befinden. Würden wir bei einer vollständigen Messung an einem willkürlich herausgegriffenen System der Gesamtheit feststellen, daß es sich im Zustand $|\Psi_i\rangle$ befindet, so wäre unser Informationsgewinn proportional $\ln p_i$; umgekehrt können wir $\ln p_i$ als ein Maß für unseren Mangel an Information ansehen, wenn wir diese Messung nicht durchführen (was wir weder praktisch können noch wollen). Die uns bzgl. des betrachteten Systems **fehlende Information** können wir dann **messen** durch den statistischen Mittelwert

$$S = -k_B \sum_i p_i \ln p_i. \tag{4.5}$$

Die hier eingeführte Größe S wird sich als die **Entropie des Systems** erweisen; k_B ist die Boltzmann-Konstante.

Im Fall einer reinen Gesamtheit im Zustand $|\Psi_m\rangle$,

$$p_i = 1 \text{ falls } i = m; \qquad p_i = 0 \text{ sonst}, \tag{4.6}$$

wird offensichtlich $S = 0$. Dies ist vernünftig: wenn wir schon mit Sicherheit wissen, daß das betrachtete System sich im Zustand $|\Psi_m\rangle$ befindet, so bringt uns die Bestätigung dieser Tatsache durch eine Messung keinen Informationsgewinn.

Für die folgenden Überlegungen ist es zweckmäßig, S durch den statistischen Operator ρ auszudrücken. Wir behaupten, daß

$$S = -k_B Sp\{\rho \ln \rho\} = -k_B \langle \ln \rho \rangle. \tag{4.7}$$

Beweis

$$Sp\{\rho \ln \rho\} = \sum_{i,m}\langle\Psi_i|\Psi_m\rangle\langle\Psi_m|\ln \rho|\Psi_i\rangle p_m = \sum_i p_i\langle\Psi_i|\ln \rho|\Psi_i\rangle = \sum_i p_i \ln p_i, \tag{4.8}$$

da die Zustände $|\Psi_i\rangle$ Eigenzustände zu ρ mit den Eigenwerten p_i sind:

$$\rho|\Psi_i\rangle = \sum_m p_m|\Psi_m\rangle\langle\Psi_m|\Psi_i\rangle = p_i|\Psi_i\rangle. \tag{4.9}$$

Nach (4.7) ist die **Entropie S der statistische Mittelwert des Operators $-k_B \ln \rho$**.

4.2 Ein einfaches Beispiel

Drei Teilchen mit Spin 1/2 seien an verschiedenen Raumpunkten lokalisiert; zwischen den Teilchen besteht keine Wechselwirkung. Je nach der Spinstellung zu einem konstanten, homogenen Magnetfeld B sei das magnetische Moment eines einzelnen Teilchens $\pm\mu$. Insgesamt gibt es 8 Mikrozustände, deren Eigenschaften in der Tabelle zusammengestellt sind:

Zahl der Mikrozustände	Gesamt-Moment	Gesamt-Energie	
1	3μ	$-3\mu B$	
3	μ	$-\mu B$	(4.10)
3	$-\mu$	μB	
1	-3μ	$3\mu B$	

Wir wollen nun die Entropie des Systems gemäß (4.5) berechnen für die folgenden Fälle:

1. Wenn wir über das System keine weitere Kenntnis besitzen, so sind alle Mikrozustände
   gleich wahrscheinlich (**Annahme der geringsten Voreingenommenheit**). Dann ist

$$p_i = \frac{1}{8} \quad \forall i, \tag{4.11}$$

so daß

$$S = -k_B \ln \frac{1}{8} = k_B \ln 8. \tag{4.12}$$

2. Es sei bekannt, daß $E = \mu B$ für das Gesamtsystem ist; dies ist nur durch drei Mikrozustände realisierbar, die ihrerseits wieder gleich wahrscheinlich sind. Also

$$p_i = \frac{1}{3}; \ i = 1, 2, 3, \tag{4.13}$$

so daß

$$S = -k_B \ln \frac{1}{3} = k_B \ln 3. \tag{4.14}$$

3. Es sei bekannt, daß die Gesamtenergie $E = -3\,\mu B$ ist; diese Situation ist auf nur eine
   Weise realisierbar; also besitzen wir vollständige Kenntnis über das System. Es wird

$$S = -k_B \ln 1 = 0 \tag{4.15}$$

wie erwartet.

4.3   Zeitliche Änderung der Entropie

Die Definition von S durch (4.5) zeigt, daß S zeitlich konstant ist, da die Zahlen p_m (vom
Konzept der statistischen Gesamtheit her) nicht von t abhängen. Wenn wir also S als Entropie
interpretieren wollen, so ist unsere Theorie auf reversible Prozesse bzw. die Beschreibung
von Gleichgewichtszuständen beschränkt; **irreversible Prozesse sind mit einer Entro-
pieänderung verbunden.** Daß wir im Rahmen der bisherigen Theorie irreversible Prozesse nicht erfassen können, ist nicht verwunderlich: Die klassischen Bewegungsgleichungen für ein abgeschlossenes System sind invariant unter Zeitumkehr, d.h. zu jeder Lösung
$\{q_i(t), p_i(t)\}$ ist auch $\{q_i(-t), -p_i(-t)\}$ eine mögliche Lösung der Bewegungsgleichungen;
eine entsprechende Aussage gilt in der Quantentheorie für die Lösungen der Schrödinger-
Gleichung (vgl. Abschn. 4.4). Die Gl. (3.4) und (3.30) für das zeitliche Verhalten von ρ bzw.
ρ_{kl} sind eine direkte und exakte Konsequenz der Schrödinger-Gleichung bzw. der Bewegungsgleichungen, so daß durch die Einführung des statistischen Operators ρ (3.1) bzw. der

Dichtefunktion ρ_{kl} (3.24) die Zeitumkehr-Invarianz nicht zerstört wird. Unsere Theorie hat daher für irreversible Prozesse in der bisherigen Form keinen Platz.

Wir wollen im Folgenden andeuten, **wie das bisherige Konzept zu erweitern ist, um irreversible Prozesse erfassen zu können.** Wenn unsere Identifikation von Entropie und Mangel an Information richtig ist, so muß die erweiterte Theorie die Möglichkeit beinhalten, daß im Laufe der Zeit Information verloren geht; dies würde dann der Möglichkeit einer **Entropiezunahme** entsprechen. Wir suchen also eine **schlechtere** Theorie als die bisherige, die auf dem statistischen Operator ρ aufbaut und ihrerseits **schlechter** ist als die exakte Beschreibung eines Systems durch seine Wellenfunktion $|\Psi(\xi_1...\xi_N; t)\rangle$.

Wenn die Kenntnis von ρ für den Aufbau einer statistischen Begründung der Thermodynamik zu **gut** ist, so liegt es nahe, nur noch den **Erwartungswert des statistischen Operators in irgendeiner Basis** als bekannt anzusehen. Um diesen Gedanken quantitativ durchzuführen, wollen wir von der Spektraldarstellung (vgl. Quantentheorie) des statistischen Operators mit Hilfe der Mikrozustände $|\Psi_i\rangle$,

$$\rho = \sum_i p_i |\Psi_i\rangle\langle\Psi_i|, \tag{4.16}$$

übergehen zu einer Darstellung in einer festen, orthonormierten und vollständigen Basis $|\Phi_\alpha\rangle$, in der ρ dann nicht mehr diagonal ist:

$$\rho = \sum_{\alpha\beta} \rho_{\alpha\beta} |\Phi_\alpha\rangle\langle\Phi_\beta|. \tag{4.17}$$

Die Koeffizienten $\rho_{\alpha\beta}$ sind dann gerade die Matrixelemente von ρ in der Basis $|\Phi_\alpha\rangle$,

$$\rho_{\alpha\beta} = \langle\Phi_\alpha|\rho|\Phi_\beta\rangle. \tag{4.18}$$

Wenn wir in der Basis $|\Phi_\alpha\rangle$ nur die Diagonalelemente $\rho_{\alpha\alpha}$ kennen, so ist dies offensichtlich weniger Kenntnis als in (4.16) enthalten.

Wir wollen nun das Zeitverhalten der Koeffizienten $\rho_{\alpha\beta}$ untersuchen, die im Gegensatz zu den p_i im allgemeinen von t abhängig sind. Wir greifen zurück auf (3.4) und bilden Matrixelemente in der Basis $|\Phi_\alpha\rangle$:

$$i\hbar\frac{\partial}{\partial t}\rho_{\alpha\beta} = \sum_\gamma (H_{\alpha\gamma}\rho_{\gamma\beta} - \rho_{\alpha\gamma}H_{\gamma\beta}) \tag{4.19}$$

mit

$$H_{\alpha\gamma} =: \langle\Phi_\alpha|H|\Phi_\gamma\rangle. \tag{4.20}$$

Dabei wurde die Vollständigkeitsrelation

$$\sum_{\gamma} |\Phi_\gamma\rangle\langle\Phi_\gamma| = 1 \tag{4.21}$$

benutzt. Alternativ können wir (3.3) benutzen und finden die formale Lösung von (4.19)

$$\rho_{\alpha\beta}(t) = \sum_{\gamma\delta} U_{\alpha\gamma}(t)\rho_{\gamma\delta}(0)U^*_{\beta\delta}(t) \tag{4.22}$$

mit

$$U_{\alpha\gamma}(t) =: \langle\Phi_\alpha|U(t,0)|\Phi_\gamma\rangle. \tag{4.23}$$

Da (4.19) und (4.22) exakte Umformungen von (3.3) und (3.4) sind, haben wir gegenüber (3.3) bzw. (3.4) keine Information verloren; die mit (4.22) berechnete Entropie S ist immer noch zeitlich konstant.

Bemerkung Es ist generell

$$\sum_{\alpha} (\rho \ \ln \ \rho)_{\alpha\alpha} \neq \sum_{\alpha} \rho_{\alpha\alpha} \ln \ \rho_{\alpha\alpha} \tag{4.24}$$

mit der Ausnahme, daß ρ diagonal in der Basis $|\Phi_\alpha\rangle$ ist.

Wir wollen nun den Fall betrachten, daß die statistische Gesamtheit nicht durch die Eigenwerte p_i von ρ, sondern nur durch die Diagonalelemente von ρ in der Basis $|\Phi_\alpha\rangle$ definiert ist. Es wird sich zeigen, daß **diese reduzierte Information zeitlich nicht konstant ist, sondern abnimmt mit** t. Zur Berechnung der Diagonalelemente hat man zur Verfügung (vgl. (4.19) bzw. (4.22))

$$i\hbar\frac{\partial}{\partial t}\rho_{\alpha\alpha} = \sum_{\gamma}(H_{\alpha\gamma}\rho_{\gamma\alpha} - \rho_{\alpha\gamma}H_{\gamma\alpha}) \tag{4.25}$$

bzw.

$$\rho_{\alpha\alpha}(t) = \sum_{\gamma\delta} U_{\alpha\gamma}(t)\rho_{\gamma\delta}(0)U^*_{\alpha\delta}(t) = \sum_{\gamma} |U_{\alpha\gamma}|^2 \rho_{\gamma\gamma}(0) + \sum_{\gamma\neq\delta} U_{\alpha\gamma}(t)\rho_{\gamma\delta}(0)U^*_{\alpha\delta}(t). \tag{4.26}$$

Offensichtlich reicht die Kenntnis von $\rho_{\alpha\alpha}(0)$ als Anfangsinformation nicht aus, um $\rho_{\alpha\alpha}(t)$ exakt zu bestimmen. Eine Theorie, die nur mit den Diagonalelementen von ρ arbeiten will, muß also Approximationen bzgl. der Nichtdiagonal-Elemente machen.

In der statistischen Mechanik wird ad hoc die Annahme gemacht, daß auf Grund statistisch verteilter Phasen sich der Effekt der Nichtdiagonal-Elemente in (4.25) bzw. (4.26) herausmittelt.

Diese Annahme hat den Charakter eines grundlegenden **Postulats** und kann nur durch das Experiment bestätigt oder widerlegt werden. Als Startinformation benutzt man also die Näherung

$$\rho_{\alpha\beta}(0) = P_\alpha(0)\delta_{\alpha\beta} \tag{4.27}$$

und erhält dann formal $P_\alpha(t)$ aus

$$P_\alpha(t) = \sum_\gamma |U_{\alpha\gamma}(t)|^2 P_\gamma(0). \tag{4.28}$$

Die Größen $P_\alpha(t)$, deren tatsächliche Berechnung ein hier noch unvollständig gelöstes Problem der statistischen Mechanik ist, bestimmen approximativ die Wahrscheinlichkeiten die Systeme der statistischen Gesamtheit zur Zeit t in den Zuständen $|\Phi_\alpha\rangle$ zu finden. Daraus ergibt sich für die uns fehlende Information

$$S(t) = -k_b \sum_\alpha P_\alpha(t) \ln P_\alpha(t). \tag{4.29}$$

Sie ist – wie die obigen Überlegungen schon angedeutet haben – zeitabhängig. Wir wollen unter Rückgriff auf die Näherung (4.28) zeigen, daß $S(t)$ in der Tat mit t anwächst. Wir benutzen dazu die Ungleichung

$$x \ln x - x \ln y - x + y \geq 0 \tag{4.30}$$

für reelle, nicht-negative x, y, welche darauf beruhen, daß $\ln x$ eine monoton anwachsende Funktion ist. Dann gilt in unserem Problem

$$P_\gamma(0)\ln P_\gamma(0) - P_\gamma(0)\ln P_\alpha(t) - P_\gamma(0) + P_\alpha(t) \geq 0. \tag{4.31}$$

Gl. (4.31) multiplizieren wir mit $|U_{\alpha\gamma}(t)|^2$, summieren über α, γ und beachten

$$\sum_\alpha U_{\alpha\mu}U_{\alpha\nu} = \sum_\alpha U_{\mu\alpha}^* U_{\alpha\nu} = \delta_{\mu\nu} \tag{4.32}$$

als Folge der Unitarität des Zeitentwicklungs-Operators. Benutzt man im 2. Term von (4.31) nach Ausführung der obigen Operationen die fundamentale Gl. (4.28), so folgt direkt:

$$\sum_{\gamma} P_{\gamma}(0) \ln P_{\gamma}(0) - \sum_{\alpha} P_{\alpha}(t) \ln P_{\alpha}(t) - \sum_{\gamma} P_{\gamma}(0) + \sum_{\alpha} P_{\alpha}(t) \geq 0. \qquad (4.33)$$

Da auf Grund der Normierung der Wahrscheinlichkeiten P_{α} gilt

$$\sum_{\gamma} P_{\gamma}(0) = \sum_{\alpha} P_{\alpha}(t), \qquad (4.34)$$

verbleibt

$$\sum_{\gamma} P_{\gamma}(0) \ln P_{\gamma}(0) \geq \sum_{\alpha} P_{\alpha}(t) \ln P_{\alpha}(t), \qquad (4.35)$$

also mit (4.29)

$$S(0) \leq S(t). \qquad (4.36)$$

Damit ist der Rahmen für die **statistische Mechanik irreversibler Prozesse** abgesteckt.

Nachdem formal die Möglichkeit der Abnahme von Information (Zunahme von Entropie) geklärt ist, bleibt die Frage nach dem physikalischen Hintergrund. Warum ist unsere Information in der Praxis so **schlecht,** daß irreversible Prozesse auftreten können? Dafür gibt es die folgenden Gründe:

1. Streng abgeschlossene Systeme sind nicht realisierbar, eine gewisse (wenn auch geringe) Wechselwirkung W mit der Umgebung ist unvermeidbar. Eine solche Wechselwirkung ist für den Fall des **thermischen Kontakts** sogar notwendig! Da wir diese Wechselwirkung nie exakt kennen, kennen wir den Hamilton-Operator des Systems nur approximativ; damit sind die Mikrozustände nur approximativ definiert. **In der Basis der approximativen Mikrozustände ist aber der statistische Operator nicht diagonal!** Die Kenntnis der Wahrscheinlichkeitsverteilung – der Systeme der Gesamtheit auf approximative Mikrozustände – zur Zeit $t = 0$ geht aber – wie wir oben bewiesen haben – im Laufe der Zeit verloren.

2. Selbst bei vollständiger Kenntnis des Hamilton-Operators müssen wir davon ausgehen, daß jede Messung mit Ungenauigkeiten behaftet ist, so daß wir den statistischen Operator ρ nie exakt kennen können. Neben praktischen Gründen (die wir im Gedankenexperiment eliminieren könnten) sind dafür fundamentale Prinzipien der Quantentheorie verantwortlich: die Tatsache, daß in der Quantentheorie die Meßapparatur das Meßobjekt beeinflußt, und speziell, daß die exakte Bestimmung der Energie eines Systems nach

der Unschärferelation ∞-lange dauern würde. Dieser aus Meßungenauigkeiten folgende Fehler hinsichtlich der Bestimmung von ρ wächst nach obigen allgemeinen Überlegungen im Laufe der Zeit: unsere Information verschlechtert sich, d. h. die Entropie wächst.

4.4   Mikro-Reversibilität und Makro-Irreversibilität

Zunächst soll die schon erwähnte **Mikro-Reversibilität** genauer formuliert werden. Für abgeschlossene Systeme sind die Bewegungsgleichungen

$$m_i \frac{d^2}{dt^2}\, \mathbf{q}_i = \mathbf{F}_i \tag{4.37}$$

invariant unter der Operation

$$t \to t' = -t. \tag{4.38}$$

Wenn also $\mathbf{q}_i\,(t)$, $\mathbf{p}_i\,(t)$ eine Lösung von (4.37) ist, so auch die Kurvenschar $\mathbf{q}_i\,(-t)$, $-\mathbf{p}_i\,(-t)$, welche aus ersterer durch die Operation (4.38) hervorgeht. Anschaulich bedeutet Zeitumkehr, daß die Bahnen in entgegengesetzter Richtung durchlaufen werden.

In der Quantentheorie tritt anstelle der Bewegungsgleichungen (4.37) die Schrödinger-Gleichung

$$i\hbar\frac{\partial}{\partial t}\, \Psi(\xi_1...\xi_N;\,t) = H\, \Psi(\xi_1...\xi_N;\,t). \tag{4.39}$$

Der Einfachheit halber nehmen wir Teilchen ohne Spin an, so daß die Koordinaten ξ_i die Ortskoordinaten der Teilchen bedeuten. Die Korrespondenz zwischen klassischen Observablen und Observablen der Quantentheorie erfordert nun, daß bei Zeitumkehr die Ortskoordinaten $\mathbf{r}_i$ und die Impulse $\mathbf{p}_i$ sich gemäß

$$\mathbf{r}_i \to \mathbf{r}_i;\qquad \mathbf{p}_i \to -\mathbf{p}_i \tag{4.40}$$

transformieren. Da der Hamilton-Operator H für ein abgeschlossenes System nur von den $\mathbf{r}_i$ und den $\mathbf{p}_i$ (quadratisch!) abhängt, nicht jedoch von t, ist H invariant unter Zeitumkehr. Unterziehen wir also die Schrödinger-Gleichung (4.39) der Operation (4.38), so folgt

$$-i\hbar\frac{\partial}{\partial t'}\, \Psi(\mathbf{r}_1...\mathbf{r}_N;\,t') = H\, \Psi(\mathbf{r}_1...\mathbf{r}_N;\,t'); \tag{4.41}$$

nach Komplex-Konjugieren

$$i\hbar\frac{\partial}{\partial t'}\, \Psi^*(\mathbf{r}_1...\mathbf{r}_N;\,t') = H\, \Psi^*(\mathbf{r}_1...\mathbf{r}_N;\,t') \tag{4.42}$$

erhält man eine Schrödinger-Gleichung für die Funktionen $\Psi^*(\mathbf{r}_1...\mathbf{r}_N;\,t')$. Also: wenn Ψ eine Lösung von (4.39) im t-System ist, so ist Ψ^* eine mögliche Lösung im t'-System. **Beispiel:** Ebene Welle in $+\mathbf{k}$ bzw. $-\mathbf{k}$ Richtung.

Die oben bewiesene Aussage (die analog für Teilchen mit Spin gültig ist), daß zu jedem Bewegungsablauf, der sich aus den Bewegungsgleichungen bzw. der Schrödinger-Gleichung ergibt, auch der zeitumgekehrte Bewegungsablauf möglich ist, bezeichnet man als **Mikro-Reversibilität**. Sie scheint auf den ersten Blick im Widerspruch zu stehen zu der durch Gl. (4.36) formulierten **Makro-Irreversibilität**, durch die ja eine Zeitrichtung bevorzugt wird. Der scheinbare Widerspruch von Mikro-Reversibilität und Makro-Irreversibilität löst sich jedoch, wenn man folgende Punkte beachtet:

1. Die Größe S wurde als statistischer Mittelwert eingeführt. Die Aussage (4.36) hat daher nur den Charakter einer Wahrscheinlichkeitsaussage: Die wahrscheinlichste Zeitentwicklung eines makroskopischen Systems ist (bei Abwesenheit äußerer Felder) durch eine Zunahme von $S(t)$ gekennzeichnet; dennoch sind Prozesse möglich, bei denen $S(t)$ abnimmt, da S statistischen Schwankungen unterworfen ist.

2. Mikro-Reversibilität ist eine Aussage über reine Zustände und setzt exakte Kenntnis des Hamilton-Operators und der Anfangsbedingungen voraus. Makro-Irreversibilität ist eine Aussage über das Verhalten eines Systems, das wir nur unvollständig kennen und dessen Eigenschaften wir als Mittelwerte über eine statistische Gesamtheit erfassen. Beide Aussagen beziehen sich also auf verschiedene Situationen.

Zur Veranschaulichung der Punkte 1. und 2. sei folgendes **Beispiel** betrachtet: Gegeben sei ein von seiner Umgebung isolierter Behälter, der durch eine Wand in zwei gleiche Bereiche unterteilt sei; in der Wand befinde sich ein kleines Loch (Abb. 4.1), welches durch einen Schieber verschließbar ist. Die Anfangssituation sei dadurch gekennzeichnet, daß sich im Bereich I ein Gas unter dem Druck P_I befinde, während Bereich II leer sei. Wenn nun der Schieber geöffnet wird, gleicht der Druck sich aus, bis sich bei $P_I = P_{II}$ statistisches Gleichgewicht eingestellt hat. Diese Endsituation unterscheidet sich von der Anfangssituation dadurch, daß unsere Information ungenauer geworden ist, die Entropie gemäß (4.36) zugenommen hat. Dies schließt nicht aus, daß im Verlauf des Druckausgleichs auf Grund statistischer Schwankungen von S kurzzeitig mehr Gasmoleküle aus II zurück nach I fliegen

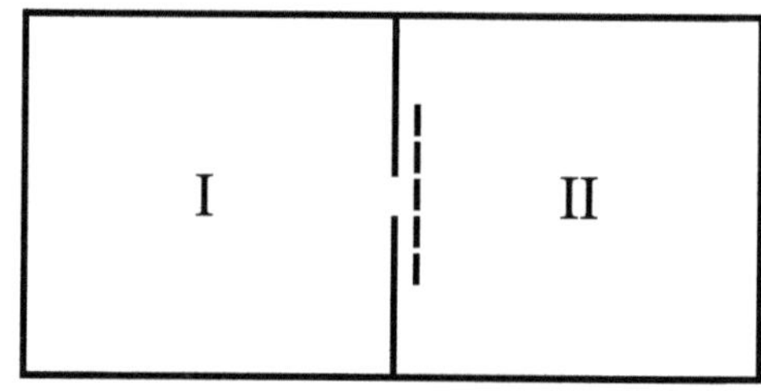

Abb. 4.1 Illustration eines Behälters, der in 2 gleiche Bereiche durch eine Wand mit einem kleinen Loch aufgeteilt wird

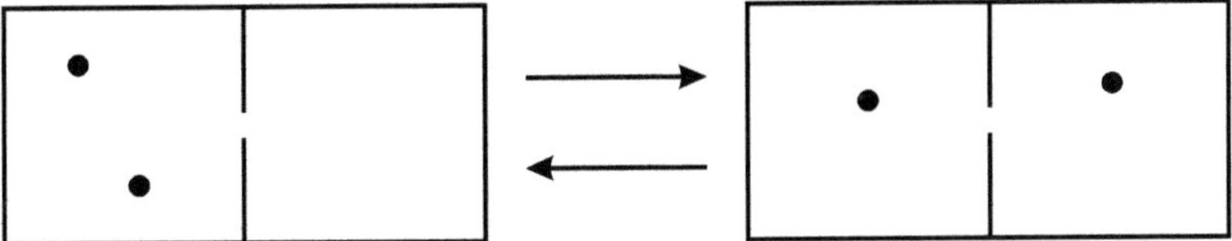

Abb. 4.2 Bei wenigen Teilchen ist der Prozeß des Druckausgleichs ebenso leicht zu präparieren wie der Umkehrprozeß

als umgekehrt! – Der Umkehrprozeß, der von $P_I = P_{II} \neq 0$ ausgehend zu $P_{II} = 0$, $P_I \neq 0$ führt, ist im Prinzip möglich, allerdings extrem unwahrscheinlich, da es praktisch unmöglich ist, die Positionen und Impulse der N Gasmoleküle – im Sinne einer Anfangsbedingung zur Lösung der Bewegungsgleichungen – so zu adjustieren, daß sich eine Druckdifferenz zwischen Bereich I und II aufbaut und im Endzustand Bereich II leer ist.

Das betrachtete Beispiel zeigt, daß das Auftreten von Irreversibilität eng verknüpft ist mit dem Vorhandensein vieler Teilchen: Zum Beispiel für $N = 2$ ist der Prozeß des **Druckausgleichs** ebenso leicht durch Präparieren des Anfangszustandes realisierbar wie der Umkehrprozeß (siehe Abb. 4.2).

3. Schließlich ist zu beachten, daß die Quantentheorie – ungeachtet der Zeitumkehr-Invarianz der Schrödinger-Gleichung – implizit eine Nichtäquivalenz der beiden Zeitrichtungen enthält. Diese Nichtäquivalenz zeigt sich in Verbindung mit dem für die Quantentheorie grundlegenden Prozeß der Wechselwirkung eines quantenmechanischen Systems (z. B. H-Atom) mit einem klassischen System (z. B. Meßapparatur für Anregungsenergien). Finden zwei solche Prozesse A und B nacheinander statt (Beispiel: Stöße von Gasmolekülen mit den Wänden des Behälters), so sind die beiden Zeitrichtungen nicht mehr gleichwertig: Die Behauptung, daß die Wahrscheinlichkeit eines bestimmten Resultats des Prozesses B durch das Ergebnis des Prozesses A mitbestimmt ist, ist nur dann richtig, wenn A vor B stattfindet. Hier liegt vermutlich der Schlüssel zu einem tieferen Verständnis des Anwachsens der Entropie bei Abwesenheit äußerer **ordnender** Felder.

4.5 Die Postulate der statistischen Mechanik

Das Konzept der statistischen Gesamtheit und die Definition der Entropie (als Mangel an Information) bieten eine ausreichende Grundlage für die statistische Mechanik, inklusive der Möglichkeit irreversible Prozesse zu beschreiben. Dieser Rahmen gewinnt allerdings erst dann praktischen Wert, wenn wir für ein System von N Teilchen zu vorgegebenen makroskopischen Bedingungen angeben können, mit welchen Wahrscheinlichkeiten die

Mitglieder der statistischen Gesamtheit sich auf die Mikrozustände des betrachteten Systems verteilen.

Da die Kenntnis einiger weniger makroskopischer Daten die statistische Gesamtheit im allgemeinen nicht eindeutig festlegt, müssen wir **Postulate** in die Theorie einbringen, die eine Bestimmung der oben erwähnten Wahrscheinlichkeiten erlauben. Dabei werden wir versuchen, im Rahmen des **Prinzips der geringsten Voreingenommenheit** alle zur Verfügung stehende Information über das System auszunutzen: **The whole truth, and nothing but the truth.** Die uns zur Verfügung stehende makroskopische Information können wir in Form statistischer Mittelwerte erfassen

$$\langle R_i \rangle = r_i, \ i = 1, 2, 3, .., n. \tag{4.43}$$

Gl. (4.43) kann sowohl die Festlegung von Mittelwerten von Observablen bedeuten als auch ihrer mittleren quadratischen Schwankungen.

Als fundamentale Postulate der statistischen Mechanik führen wir nun ein:

> **Postulat I**
>
> **Alle Zustände $|\Phi_\alpha\rangle$ einer vollständigen, orthonormierten Basis haben gleiche a-priori Wahrscheinlichkeit.**

Damit ist gemeint, daß die Quantentheorie als solche keine Tendenz hat, gewisse Zustände (z. B. solche, die energetisch dicht beieinander liegen) gegenüber anderen (solche, die energetisch weniger dicht liegen) zu **bevorzugen.** Unterschiede in der Wahrscheinlichkeitsverteilung entstehen erst durch makroskopische Bedingungen, die dem System auferlegt werden. Speziell hat Postulat I zur Folge, daß bei **totaler Unkenntnis** über den Zustand des Systems alle Mikrozustände mit gleicher Wahrscheinlichkeit in der Gesamtheit vertreten sind.

In der klassischen Physik ist Postulat I so zu formulieren, daß gleiche Volumina im Phasenraum gleiche a-priori Wahrscheinlichkeiten zukommen.

Da die zur Verfügung stehende makroskopische Information im allgemeinen nicht zur Bestimmung des statistischen Operators ρ ausreicht, benötigen wir ein Kriterium, welches zwischen verschiedenen $\rho's$, die alle den makroskopischen Bedingungen genügen, eine Auswahl trifft. Als Kriterium benutzen wir die fehlende Information S : Wenn für zwei statistische Operatoren $\rho_1 \neq \rho_2$, welche beide die makroskopischen Bedingungen erfüllen, $S_1 > S_2$ gilt, so enthält ρ_2 zusätzliche Information gegenüber ρ_1, welche nicht durch Messung gesichert ist. Wir geben daher ρ_1 den Vorzug um die Theorie so gut wie möglich von Willkür freizuhalten. Damit ergibt sich

> **Postulat II**
> **Dem betrachteten physikalischen System wird der statistische Operator zugeord-
> net, der den makroskopischen Bedingungen genügt und dabei maximale fehlende
> Information repräsentiert.**

Postulate I und II wollen wir nun benutzen, um unter verschiedenen makroskopischen Bedingungen den Fall des statistischen Gleichgewichts zu untersuchen.

Zur Zusammenfassung dieses Kapitels haben wir die Entropie S als ein Maß für fehlende Informationen eingeführt. Letztere kann in der Quantenmechanik streng durch den
Mittelwert des negativen Logarithmus des statistischen Operators definiert werden. Wenn
man sich auf die Diagonalelemente des statistischen Operators in einer approximativen Basis
beschränkt, wurde gezeigt, daß die Entropie mit der Zeit zunimmt, d. h. $S(t) \geq S(0)$ für $t > 0$,
oder anders gesagt, unsere Informationen über ein System nehmen mit der Zeit ab. Darüber
hinaus wurde der Unterschied zwischen Mikro-Reversibilität und Makro-Irreversibilität diskutiert und die allgemeinen Postulate der statistischen Mechanik formuliert.

Statistische Gesamtheiten im Gleichgewicht 5

Inhaltsverzeichnis

In diesem Kapitel werden wir verschiedene statistische Ensembles untersuchen, die durch die Kenntnis der Energie E, der Teilchenzahl N und des Volumens V charakterisiert sind. Wenn diese Größen nur im Mittel bekannt sind, müssen einige Lagrange-Parameter eingeführt werden, die später mit der Temperatur, dem chemischen Potential und dem Druck in Verbindung gebracht werden.

5.1   Die uniforme Gesamtheit

Sie ist definiert durch (ρ_0 = const.)

$$\rho = \rho_0 \cdot 1 \tag{5.1}$$

oder

$$\rho_{\alpha\beta} = \rho_0 \delta_{\alpha\beta} \tag{5.2}$$

und ist nach Abschn. 4.2 im statistischen Gleichgewicht. (5.1) bzw. (5.2) entsprechen dem Fall **totaler Unkenntnis** (Unkenntnis bezieht sich auf den Zustand des Systems, nicht auf die Eigenschaften der Teilchen): alle Zustände sind gleich wahrscheinlich. Offensichtlich ist

© Der/die Autor(en), exklusiv lizenziert an Springer Nature Switzerland AG 2025
W. Cassing, *Theoretische Physik kompakt IV*,
https://doi.org/10.1007/978-3-031-96450-3_5

$$S = \text{const;} \tag{5.3}$$

totale Unkenntnis kann sich nicht noch verschlechtern. Zum Glück ist dieser Fall sehr selten. Häufiger liegt vor:

5.2   Die mikrokanonische Gesamtheit

Von einem isolierten System wissen wir, daß es scharfe Energie E, festes Volumen V und scharfe Teilchenzahl N besitzt; die mit E, V und N kompatiblen Mikrozustände bezeichnen wir mit $|\Psi_i\rangle$; $i = 1, 2, ...z_m$. Dann hat der statistische Operator die Form

$$\rho = \sum_{i=1}^{z_m} p_i |\Psi_i\rangle\langle\Psi_i| \tag{5.4}$$

und es bleibt die Aufgabe, die Koeffizienten p_i zu bestimmen. Dazu benutzen wir das Prinzip (vgl. Abschn. 4.5), daß die fehlende Information maximal sein soll. Es muß daher das Variationsproblem

$$\delta S = 0 \tag{5.5}$$

unter der Nebenbedingung

$$Sp(\rho) - 1 = 0, \tag{5.6}$$

der Normierung von ρ, gelöst werden. Gl. (5.5) und (5.6) sind äquivalent zu

$$\delta(S - \lambda[Sp(\rho) - 1]) = 0; \tag{5.7}$$

dabei ist zu variieren bzgl. der p_i und λ ist eine noch zu bestimmende Konstante (Lagrange-Parameter). Mit ρ aus (5.4) wird

$$Sp(\rho) = \sum_k \langle\Psi_k|\rho|\Psi_k\rangle = \sum_k \left\langle\Psi_k\left|\sum_{i=1}^{z_m} p_i|\Psi_i\right.\right\rangle\langle\Psi_i|\Psi_k\rangle = \sum_{i=1}^{z_m} p_i \tag{5.8}$$

und

$$S = -k_B \sum_{i=1}^{z_m} p_i \ln p_i. \tag{5.9}$$

Also lautet (5.7):

$$\frac{\partial}{\partial p_j}\left(k_B \sum_i p_i \ln p_i + \lambda \sum_i p_i - \lambda\right) = k_B \ln p_j + k_B + \lambda = 0. \tag{5.10}$$

Die Lösung ist

$$\ln p_j = -\frac{\lambda}{k_B} - 1 = \text{const.} \tag{5.11}$$

Folglich ist p_j selbst eine Konstante.

Die noch freie Größe λ wird nun so bestimmt, daß die Normierung (5.6) erfüllt ist, also:

$$p_j = \frac{1}{z_m} \rightarrow \sum_{j=1}^{z_m} p_j = 1. \tag{5.12}$$

Das Ergebnis bedeutet Gleichverteilung auf die möglichen Mikrozustände, im Einklang mit dem Prinzip gleicher a-priori Wahrscheinlichkeiten (vgl. Abschn. 4.5). Für die Entropie S erhält man das Ergebnis

$$S = -k_B \sum_i \frac{1}{z_m} \ln\left(\frac{1}{z_m}\right) = k_B \ln z_m \sum_i \frac{1}{z_m} = k_B \ln z_m. \tag{5.13}$$

Gl. (5.13) wird oft als Definition von Entropie benutzt, wobei z_m nichts anderes ist als die Zahl der Realisierungsmöglichkeiten des Makrozustandes. Es sollte jedoch klar geworden sein, daß S aus (5.13) sich auf den Fall des statistischen Gleichgewichts bezieht; als allgemeine Definition ist (5.13) zu eng, da irreversible Vorgänge nicht erfaßt werden.

Die Größe Z_m, definiert durch

$$Z_m = \sum_{j=1}^{z_m} 1 = Sp(\Pi(E, V, N)), \tag{5.14}$$

wird auch **mikrokanonische Zustandssumme** genannt. In (5.14) bezeichnet $\Pi(E, V, N)$ den Projektor auf den Unterraum von Zuständen, die vorgegebene E, V, N haben. Über Z_m wird gemäß (5.13) auch S eine Funktion von E, V, N :

$$S = S(E, V, N). \tag{5.15}$$

Da exakte Energiemessungen auf Grund der Unschärferelation praktisch nicht durchführbar sind, ist es zweckmäßig, die Definition der mikrokanonischen Gesamtheit etwas **aufzuweichen.** Wir ersetzen (5.12) durch

$$p_j = \frac{1}{z_m} \quad \text{falls } E - \delta E < E_j < E + \delta E \tag{5.16}$$

$$p_j = 0 \quad \text{sonst,}$$

wo z_m die Zahl der zwischen $E - \delta E$ und $E + \delta E$ liegenden Mikrozustände ist. Das Intervall δE ist größer als die experimentelle Energie-Unschärfe zu wählen, jedoch klein verglichen mit der Gesamtenergie E.

5.3   Die kanonische Gesamtheit

Wir fordern im Gegensatz zu Abschn. 5.2 nicht mehr, daß alle Systeme der Gesamtheit die gleiche, konstante Energie E besitzen, sondern schreiben nur noch die innere Energie U als Mittelwert vor:

$$U = Sp(\rho H) = \text{const.} \tag{5.17}$$

Dies entspricht der praktisch häufig gegebenen Situation, daß das betrachtete System eine schwache Wechselwirkung W mit seiner Umgebung besitzt. Dann ist die Energie des Systems keine exakte Konstante der Bewegung; sie ist auf Grund der Wechselwirkung mit der Umgebung Schwankungen unterworfen. Dieser Situation können wir im statistischen Gleichgewicht durch die Bedingung (5.17) Rechnung tragen. Im statistischen Gleichgewicht hat ρ die allgemeine Form

$$\rho = \sum_i p_i |\Psi_i\rangle\langle\Psi_i| \tag{5.18}$$

mit

$$H|\Psi_i\rangle = E_i|\Psi_i\rangle. \tag{5.19}$$

Unsere Aufgabe lautet nun, die Zahlen p_i in (5.18) zu berechnen.

Dazu benutzen wir Postulat II: Wir lösen das Variationsproblem

$$\delta S = 0 \tag{5.20}$$

mit

$$S = -k_B \, Sp(\rho \ln \rho) \tag{5.21}$$

unter den beiden Nebenbedingungen

$$Sp(\rho) - 1 = 0 \tag{5.22}$$

und

$$Sp(\rho H) - U = 0. \tag{5.23}$$

Dies führt auf:

$$\delta\left(-k_B \sum_i p_i \ln p_i - k_B \beta \left(\sum_i p_i E_i - U\right) - \lambda \left(\sum_i p_i - 1\right)\right) = 0. \tag{5.24}$$

Dabei sind β und λ Lagrange-Parameter und $\sum_i$ ist über alle Zustände $|\Psi_i\rangle$ zu erstrecken, die zu festem Volumen V und fester Teilchenzahl N gehören. Variation der p_i ergibt analog Fall 2):

$$\ln p_j = -\beta E_j - \frac{\lambda}{k_B} - 1, \tag{5.25}$$

also

$$p_j = \text{const} \cdot \exp(-\beta E_j). \tag{5.26}$$

Die von λ abhängige Konstante ist so zu wählen, daß $\sum_j p_j = 1$, also

$$p_j = \frac{1}{Z_k} \exp(-\beta E_j), \tag{5.27}$$

wobei Z_k die **kanonische Zustandssumme** ist:

$$Z_k = \sum_i \exp(-\beta E_i). \tag{5.28}$$

Mit Hilfe von Z_k können wir nun U und S ausdrücken:

$$U = \sum_i p_i E_i = \frac{1}{Z_k} \sum_i E_i \exp(-\beta E_i) = -\frac{\partial}{\partial \beta} \ln Z_k \qquad (5.29)$$

und (mit $\ln p_m = -\ln Z_k - \beta E_m$)

$$S = -k_B \sum_m p_m \ln p_m = k_B \sum_m p_m(\ln Z_k + \beta E_m) = k_B \ln Z_k + k_B \beta \sum_m p_m E_m$$
$$(5.30)$$
$$= k_B(\ln Z_k + \beta U) = k_B \left(\ln Z_k - \beta \frac{\partial}{\partial \beta} \ln Z_k\right).$$

Auf diese Beziehungen werden wir in Kap. 7 zurückkommen, wenn wir den Zusammenhang von Thermodynamik und statistischer Mechanik herstellen. Dabei wird sich zeigen, daß β direkt mit der Temperatur T über $T \sim 1/\beta$ zu verknüpfen ist.

Als weitere praktisch wichtige Gleichgewichts-Gesamtheit betrachten wir

5.4   Die großkanonische Gesamtheit

Wir wollen ein System untersuchen, das mit seiner Umgebung nicht nur Energie (wie im Fall 3) austauschen kann, sondern auch Teilchen. **Beispiel:** Gleichgewicht von Gas- und Flüssigkeitsphase einer bestimmten Substanz. Diesen Fall beschreiben wir, indem wir außer der Energie nun auch die Teilchenzahl nur im statistischen Mittel festlegen, also

$$Sp(\rho H) = U \qquad (5.31)$$

sowie

$$Sp(\rho \hat{N}) = N, \qquad (5.32)$$

wobei $\hat{N}$ der Teilchenzahl-Operator ist. In der allgemeinen Formel für ρ ist jetzt über alle Zustände zu summieren, die zu festem Volumen V gehören, d. h. über alle möglichen Energien und Teilchenzahlen.

Analog zu dem Verfahren von Abschn. 5.3 erhalten wir

$$p_i = \text{const} \cdot \exp(-\beta E_i - \alpha N_i) \tag{5.33}$$

wobei mit α ein weiterer Lagrange-Parameter auftritt und N_i die Teilchenzahl im Zustand $|\Psi_i\rangle$ ist. Die Konstante ist wieder durch $\sum_i p_i = 1$ bestimmt; mit

$$Z_g = \sum_i \exp(-\beta E_i - \alpha N_i) \tag{5.34}$$

als der **großkanonischen Zustandssumme** wird

$$p_i = \frac{1}{Z_g} \exp(-\beta E_i - \alpha N_i). \tag{5.35}$$

Die fundamentalen Größen U, S, N lassen sich analog 5.3 durch Z_g ausdrücken:

$$U = -\frac{\partial}{\partial \beta} \ln Z_g \tag{5.36}$$

$$N = -\frac{\partial}{\partial \alpha} \ln Z_g \tag{5.37}$$

sowie

$$S = k_B \left(\ln Z_g - \beta \frac{\partial}{\partial \beta} \ln Z_g - \alpha \frac{\partial}{\partial \alpha} \ln Z_g \right) = k_B(\ln Z_g + \beta U + \alpha N). \tag{5.38}$$

5.5 Der allgemeine Fall

Im Allgemeinen kann ρ für den Fall des statistischen Gleichgewichts von allen Erhaltungsgrößen des Systems abhängen (vgl. Abschn. 3.2): Energie, Impuls, Drehimpuls und Teilchenzahl; direkt verknüpft mit der Teilchenzahl ist die Gesamtladung, die wir daher nicht extra aufführen müssen. Da die uns interessierenden Systeme alle räumlich lokalisiert sind (Beispiel: Gas im makroskopischen Behälter), entfällt der Impuls als Erhaltungsgröße des Systems (= Gas ohne Behälter). Für ein System in einem perfekt sphärischen Behälter ist der Drehimpuls eine Konstante der Bewegung. Da in der Praxis makroskopische Behälter diese Forderung der sphärischen Symmetrie nie hinreichend erfüllen, entfällt auch der Drehimpuls als Erhaltungsgröße. Es bleiben Energie und Teilchenzahl; streng genommen sind auch sie in der Praxis keine Erhaltungsgrößen, da die Wechselwirkung zwischen System und Umgebung nie exakt verschwindet (z. B. Wechselwirkung der Gasmoleküle mit den Wänden des Behälters). Dennoch ist die mikrokanonische Gesamtheit – der Fall des isolierten Systems – eine nützliche Idealisierung. Realistischer sind die kanonische Gesamtheit, wo nur die Erhaltung des Mittelwertes der Energie verlangt wird, und die großkanonische Gesamtheit, wo schließlich Energie und Teilchenzahl nur noch im Mittel erhalten sind. Weitere Modelle sind denkbar, in denen z. B. noch die mittlere quadratische Schwankung von Energie und/oder Teilchenzahl fest vorgegeben ist.

5.6   Ergänzungen

Im Folgenden sollen einige nützliche Formeln für den praktischen Umgang mit der kanonischen und der großkanonischen Gesamtheit zusammengestellt werden.

1. **ρ als Funktion von H und $\hat{N}$**
   Gemäß (5.18) und (5.27) wird

$$\rho_k = \sum_i p_i |\Psi_i\rangle\langle\Psi_i| = \frac{\exp(-\beta H)}{Sp(\exp(-\beta H))}, \tag{5.39}$$

da

$$\sum_i \exp(-\beta E_i)|\Psi_i\rangle\langle\Psi_i| = \exp(-\beta H)\sum_i |\Psi_i\rangle\langle\Psi_i|. \tag{5.40}$$

Entsprechend folgt für die großkanonische Gesamtheit

$$\rho_g = \frac{\exp(-\beta H - \alpha\hat{N})}{Sp(\exp(-\beta H - \alpha\hat{N}))}. \tag{5.41}$$

2. **Mittelwerte**
   In der kanonischen Gesamtheit hat ein statistischer Mittelwert die allgemeine Form

$$\langle A \rangle_k = \frac{Sp(A \ \exp(-\beta H))}{Sp(\exp(-\beta H))}, \tag{5.42}$$

die kanonische Zustandssumme ist

$$Z_k = Sp(\exp(-\beta H)). \tag{5.43}$$

Bei der Spurbildung sind Zustände zu benutzen, die zu fester Teilchenzahl und festem Volumen gehören.

Die entsprechenden Ausdrücke für den Fall der großkanonischen Gesamtheit lassen sich auf (5.42) und (5.43) zurückführen. Zunächst wird, da H und $\hat{N}$ kommutieren:

$$Z_g = Sp(\exp(-\beta H - \alpha \hat{N})) = Sp(\exp(-\alpha \hat{N}) \exp(-\beta H)) = \sum_{\nu=0}^{\infty} \exp(-\alpha \nu) Z_k^{\nu},$$

$$(5.44)$$

wobei Z_k^{ν} die kanonische Zustandssumme für ν Teilchen ist. Die Spurbildung wird also zunächst in den Unterräumen des Fock-Raumes zu fester Teilchenzahl ν durchgeführt, danach wird über alle diese Unterräume aufsummiert. Ebenso findet man

$$\langle A \rangle_g = \frac{\sum_{\nu=0}^{\infty} \exp(-\alpha \nu) \langle A \rangle_k^{\nu}}{\{\sum_{\nu=0} \exp(-\alpha \nu) Z_k^{\nu}\}},$$

$$(5.45)$$

wobei $\langle A \rangle_k^{\nu}$ der kanonische Mittelwert für ν Teilchen ist. Alternativ:

$$\langle A \rangle_g = \frac{Sp(A \exp(-\alpha \hat{N} - \beta H))}{Sp(\exp(-\alpha \hat{N} - \beta H))}.$$

$$(5.46)$$

3. **Systeme mit makroskopisch vorgegebenem Volumen**
Während in der mikrokanonischen Gesamtheit E, $\hat{N}$ und V scharfe Werte haben, sind in der kanonischen Gesamtheit nur noch $\hat{N}$ und V, in der großkanonischen nur V scharf. Es liegt formal nahe, auch noch den Fall zu untersuchen, in dem auch das Volumen V nur als Mittelwert vorgegeben ist. Wir beschränken uns der Einfachheit halber auf eine Dimension: das Volumen werde festgelegt durch den Operator $\hat{x}$ der Koordinate eines beweglichen Stempels in einem Zylinder, und der Mittelwert dieser Größe sei X. Nach dem in 5.3 und 5.4 vorgeführten Verfahren erhält man für den statistischen Operator

$$\rho = \frac{\exp(-\alpha \hat{N} - \beta H - \gamma \hat{x})}{Sp(\exp(-\alpha \hat{N} - \beta H - \gamma \hat{x}))}.$$

$$(5.47)$$

Der zusätzliche Parameter γ wird sich im wesentlichen mit dem Druck P des betrachteten Systems verknüpfen lassen. Für S folgt analog (5.38):

$$S = k_B(\ln Z + \alpha N + \beta U + \gamma X)$$

$$(5.48)$$

mit Z als der zu (5.47) gehörenden Zustandssumme. Gl. (5.47) und (5.48) werden sich als nützlich erweisen, wenn wir den Zusammenhang von statistischer Mechanik und Thermodynamik herstellen, da mit (5.47) und (5.48) auch der Fall **äußerer Arbeit** erfaßt werden kann.

In Zusammenfassung dieses Kapitels haben wir verschiedene statistische Gesamtheiten (Ensembles) untersucht, die durch die Kenntnis der Energie E, der Teilchenzahl N und des Volumens V charakterisiert sind. Im mikrokanonischen Ensemble sind all diese Größen genau bekannt, während im kanonischen Ensemble die Energie nur im Mittel bekannt ist, was zur Einführung eines Lagrange-Parameters β führte, der mit der Temperatur T in Verbindung steht. Im großkanonischen Ensemble ist zusätzlich die Teilchenzahl nur im Mittel bekannt, was zur Einführung eines Lagrange-Parameters α führte, der mit dem chemischen Potential μ verknüpft ist. Darüber hinaus ist im allgemeinen Fall auch das Volumen V nur im Mittel bekannt, was zu einem weiteren Lagrange-Parameter γ führt, der mit dem Druck P zusammenhängt.

Unabhängige identische Teilchen

6

Inhaltsverzeichnis

In diesem Kapitel werden wir die Ergebnisse für unabhängige identische Teilchen, d.h. getrennt für Bosonen und Fermionen, diskutieren und die Gleichgewichts-Besetzungszahlen sowie charakteristische Observablen berechnen. Die Grenzfälle niedriger Dichte und/oder hoher Temperatur führen dann zum klassischen Grenzfall und zur Boltzmann-Statistik.

6.1 Vorbemerkungen

Als ein Anwendungsbeispiel für die Ergebnisse von Kap. 5 wollen wir ein System unabhängiger identischer Teilchen betrachten, charakterisiert durch den Hamilton-Operator

$$H = \sum_{\nu=1}^{N} h(\xi_\nu). \tag{6.1}$$

Dabei haben alle Operatoren $h(\xi_\nu)$ die gleiche Form und setzen sich aus kinetischer Energie t und potentieller Energie $u(\xi)$ zusammen,

$$h = t + u. \tag{6.2}$$

Die Eigenzustände zu H kann man sofort angeben, am einfachsten in der Teilchenzahldarstellung:

© Der/die Autor(en), exklusiv lizenziert an Springer Nature Switzerland AG 2025
W. Cassing, *Theoretische Physik kompakt IV*,
https://doi.org/10.1007/978-3-031-96450-3_6

$$H|n_1 n_2...n_j..\rangle = E|n_1 n_2...n_j..\rangle \tag{6.3}$$

mit

$$E = \sum_i \epsilon_i n_i, \tag{6.4}$$

wenn ϵ_i die Einteilchen-Energien (= Eigenwerte zu h) sind und n_i angibt, wieviel Teilchen sich im Einteilchen-Zustand i befinden. Für Bosonen sind für n_i die Werte 0, 1, 2,... möglich, für Fermionen nur 0 oder 1.

Wir wollen nun die wichtigsten statistischen Größen eines solchen Systems unabhängiger Teilchen für den Fall der großkanonischen Gesamtheit berechnen. Dieser Fall kommt der Realität am nächsten und ist überdies rechentechnisch am einfachsten zu behandeln. Für große Teilchenzahl $\mathcal{N}$ werden wir zeigen (Kap. 8), daß man für die mikrokanonische und die kanonische Gesamtheit die gleichen Ergebnisse erhält.

6.2   Mittlere Besetzungszahlen der Einteilchen-Zustände

Für den Fall unabhängiger Teilchen erwarten wir, daß sich statistische Mittelwerte des Vielteilchensystems additiv aus Beiträgen der Einteilchenzustände aufbauen lassen. Wir beginnen daher mit der Berechnung der mittleren Besetzungszahlen der Einteilchenzustände

$$\langle n_i \rangle = \frac{Sp(\hat{n}_i \exp[-\beta H - \alpha \hat{N}])}{Sp(\exp[-\beta H - \alpha \hat{N}])}. \tag{6.5}$$

Die Auswertung von (6.5) führen wir in der Basis der Eigenzustände (6.3) von H durch, in der $\hat{n}_i$, $\hat{N}$ und H simultan diagonal sind. In dieser Basis wird mit (5.44)

$$Z_g = \sum_{v=0}^{\infty} \exp(-\alpha v) \left\{ \sum_{\{n_j\}} \exp\left(-\beta \sum_j \epsilon_j n_j\right) \right\} \tag{6.6}$$

mit der Randbedingung $\sum_j n_j = v$ und (5.45)

$$\langle n_i \rangle = \frac{1}{Z_g} \sum_{v=0}^{\infty} \exp(-\alpha v) \left\{ \sum_{\{n_j\}} n_i \exp\left(-\beta \sum_j \epsilon_j n_j\right) \right\}. \tag{6.7}$$

Kombination von (6.6) und (6.7) ergibt

$$\langle n_i \rangle = -\beta^{-1} \frac{\partial}{\partial \epsilon_i} \ln Z_g ; \qquad (6.8)$$

es genügt also die Berechnung von Z_g als Funktion von ϵ_i. Dazu schreiben wir (6.6) um:

$$Z_g = \sum_{n_1} \sum_{n_2} \sum_{n_3} \cdots \sum_{n_j} \cdots [(\exp(-\beta \epsilon_1 - \alpha))^{n_1} \cdots (\exp(-\beta \epsilon_j - \alpha))^{n_j} \cdots]. \qquad (6.9)$$

Während in (6.6) zunächst über die Beiträge aller ν-Teilchenzustände und anschließend über alle Werte $\nu = 0, 1, 2,...$ summiert wird, werden in (6.9) die Beiträge aller Einteilchenzustände entsprechend ihrer Besetzungszahl aufsummiert. Gl. (6.9) läßt sich noch auf Produktform umschreiben:

$$Z_g = \prod_i \left[\sum_{n_i} (\exp(-\beta \epsilon_i - \alpha))^{n_i} \right] \qquad (6.10)$$

und kann nun für Bosonen und Fermionen separat ausgewertet werden. Für Fermionen ist $n_i = 0, 1$, also:

$$Z_g^F = \prod_i \{1 + \exp(-\beta \epsilon_i - \alpha)\}. \qquad (6.11)$$

Für Bosonen durchläuft n_i alle Werte $n_i = 0, 1, 2,... \infty$. Damit Z_g konvergiert, müssen (bei positiv zu zählenden ϵ_i) α und β positiv sein, sodaß wir die geometrische Reihe in (6.10) aufsummieren können:

$$Z_g^B = \prod_i (1 - \exp(-\beta \epsilon_i - \alpha))^{-1}. \qquad (6.12)$$

Aus (6.11) bzw. (6.12) folgt über (6.8)

$$\langle n_i \rangle = -\beta^{-1} \frac{\partial}{\partial \epsilon_i} \ln \left(\prod_k \{1 + \exp(-\beta \epsilon_k - \alpha)\} \right)$$

$$= -\beta^{-1} \sum_k \frac{\partial}{\partial \epsilon_i} \ln(\{1 + \exp(-\beta \epsilon_k - \alpha)\}) \qquad (6.13)$$

$$= \frac{\exp(-\beta \epsilon_k - \alpha)}{1 + \exp(-\beta \epsilon_k - \alpha)} = \frac{1}{\exp(+\beta \epsilon_i + \alpha) + 1} \ \text{für Fermionen}$$

und

$$\langle n_i \rangle = -\beta^{-1} \frac{\partial}{\partial \epsilon_i} \ln \left(\prod_k (1 - \exp(-\beta \epsilon_k - \alpha))^{-1} \right)$$

$$= \beta^{-1} \sum_k \frac{\partial}{\partial \epsilon_i} \ln((1 - \exp(-\beta \epsilon_k - \alpha)))$$

$$= \frac{\exp(-\beta \epsilon_k - \alpha)}{1 - \exp(-\beta \epsilon_k - \alpha)} = \frac{1}{\exp(+\beta \epsilon_i + \alpha) - 1} \ \text{für Bosonen.}$$

Dies sind die bekannten **Bose-** und **Fermi-Verteilungen** für unabhängige Teilchen.

6.3 Mittelwerte

Für Mittelwerte wie innere Energie U oder mittlere Teilchenzahl $\mathcal{N}$ des Gesamtsystems erwartet man Ausdrücke der Form

$$U = \sum_i \langle n_i \rangle \epsilon_i, \qquad (6.14)$$

$$\mathcal{N} = \sum_i \langle n_i \rangle. \qquad (6.15)$$

Dies ergibt sich formal aus (5.36) und (5.37) bei Benutzung von (6.11) für Fermionen und (6.12) für Bosonen.

Die Gl. (6.14) und (6.15) legen die Lagrange-Parameter α und β fest: U und $\mathcal{N}$ sind makroskopisch vorgegebene Größen, die Einteilchenenergien ϵ_i durch die Quantentheorie (d. h. durch das Einteilchen-Potential $u(\xi)$). Leider sind die Gl. (6.14) und (6.15) zu kompliziert, um sie nach α und β auflösen zu können.

Die Entropie läßt sich ebenfalls additiv aus den Beiträgen der Einteilchenzustände aufbauen, wie (5.38) direkt zeigt: außer U und $\mathcal{N}$ erscheint nur noch $\ln Z_g$ in der Formel für S (5.38) ($S = k_B(\ln Z_g + \beta \sum_i \langle n_i \rangle \epsilon_i + \alpha \sum_i \langle n_i \rangle)$), und es ist

$$\ln Z_g^F = \ln \prod_i (1 + \exp(-\beta \epsilon_i - \alpha)) = \sum_i \ln(1 + \exp(-\beta \epsilon_i - \alpha)) \qquad (6.16)$$

für Fermionen und

$$\ln Z_g^B = \ln \prod_i (1 - \exp(-\beta \epsilon_i - \alpha))^{-1} = -\sum_i \ln(1 - \exp(-\beta \epsilon_i - \alpha)) \qquad (6.17)$$

für Bosonen.

6.4   Der klassische Grenzfall

In der klassischen Physik gibt es keinen Spin. Eine klassische Näherung sollte daher so aussehen, daß der Unterschied zwischen Fermionen und Bosonen verschwindet. Betrachten wir als eine typische Größe die mittleren Besetzungszahlen $\langle n_i \rangle$, so ergibt sich der klassische Grenzfall, wenn

$$\exp(\alpha) \gg 1. \qquad (6.18)$$

Dann folgt aus (6.13) für Bosonen und Fermionen

$$\langle n_i \rangle = \exp(-\alpha) \exp(-\beta \epsilon_i). \qquad (6.19)$$

Dieses Ergebnis ist plausibel: das Pauli-Prinzip (also die Frage nach der Symmetrie der Wellenfunktionen) wird für Probleme der Statistik (man denke an die Zahl der Realisierungsmöglichkeiten eines bestimmten Makrozustandes) unbedeutend, wenn die Zahl der Teilchen sehr viel kleiner ist als die Zahl der zur Verfügung stehenden Einteilchenzustände, d.h. wenn $\langle n_i \rangle$ klein ist.

Für die durch (6.19) gegebene mittlere Besetzungszahl (**Boltzmann-Statistik**) kann α bestimmt werden durch:

$$\mathcal{N} = \sum_i \langle n_i \rangle = \exp(-\alpha) \sum_i \exp(-\beta \epsilon_i), \qquad (6.20)$$

also

$$\exp(-\alpha) = \frac{\mathcal{N}}{\sum_i \exp(-\beta\epsilon_i)}. \tag{6.21}$$

Es folgt

$$\langle n_i \rangle = \frac{\mathcal{N}}{\sum_j \exp(-\beta\epsilon_j)} \, \exp(-\beta\epsilon_i). \tag{6.22}$$

Wir können die Bedingung (6.18) physikalisch interpretieren, indem wir zeigen, daß für freie Teilchen ($u(\xi) = 0$) die Summe

$$\sum_i \exp(-\beta\epsilon_i) \sim V \tag{6.23}$$

wird mit V als dem vorgegebenen Volumen. Für freie Teilchen sind die Einteilchenzustände ebene Wellen mit Impuls $\mathbf{p} = \hbar\mathbf{k}$ und Energie $\epsilon = \hbar^2 k^2/(2m)$. Es bedeutet also, da wegen des Spins s jede Energie ϵ noch $(2s + 1)$-fach entartet ist:

$$\sum_i \cdots = (2s + 1) \sum_{\mathbf{k}} \cdots ; \tag{6.24}$$

dabei läuft $\mathbf{k}$ über die im Normierungsvolumen V möglichen Werte. Wenn V groß ist, so liegen die $\mathbf{k}$-Werte sehr dicht und wir können

$$\sum_{\mathbf{k}} \rightarrow \frac{V}{(2\pi)^3} \int d^3k = \frac{V}{(2\pi\hbar)^3} \int d^3p \tag{6.25}$$

ersetzen. Da in (6.23) die Energie $\epsilon = p^2/(2m)$ auftritt, formen wir um

$$\int d^3k \cdots = \frac{1}{\hbar^3} \int d^3p \cdots = \frac{4\pi}{\hbar^3} \int_0^\infty p^2 dp \tag{6.26}$$

und erhalten schließlich (mit $h = 2\pi\hbar$ und $\int_0^\infty dx \, x^2 \exp(-x^2/b^2) = \sqrt{\pi}b^3/4$):

$$\sum_i \exp(-\beta\epsilon_i) = \frac{4\pi V}{h^3}\,(2s+1)\int_0^\infty dp\; p^2 \exp(-\beta p^2/(2m))$$

$$= (2s+1)\frac{V}{h^3}\left(\frac{2\pi m}{\beta}\right)^{3/2}$$

$$= \frac{V(2s+1)}{\lambda^3} = \mathcal{N}\exp(\alpha) \tag{6.27}$$

mit der Abkürzung

$$\lambda = h\sqrt{\beta/(2\pi m)}. \tag{6.28}$$

Die Größe λ nennt man auch **thermische De-Broglie-Wellenlänge.** Damit lautet nun (6.18) wie folgt:

$$V/\mathcal{N} \gg 1 : \text{ geringe Dichte!} \tag{6.29}$$

Außer für den Fall geringer Dichte erreicht man den klassischen Grenzfall (6.19) auch, wenn β klein ist. Dann wird nämlich λ klein und somit gemäß (6.27) und (6.21) $\exp(\alpha)$ groß. Wenn wir aus Kap. 7 vorwegnehmen, daß β über $\beta = 1/(k_B T)$ mit der Temperatur T des Systems zusammenhängt, so **wird der klassische Grenzfall auch für hohe Temperaturen erreicht.** Die thermische De-Broglie-Wellenlänge (6.28) lautet dann

$$\lambda(T) = \frac{h}{\sqrt{2\pi m k_B T}}. \tag{6.30}$$

Ergebnis Für niedrige Dichte und/oder hohe Temperatur gehen Bose-Statistik und Fermi-Statistik in die klassische Boltzmann-Statistik über.

Interessant ist noch die innere Energie für freie klassische Teilchen. Es ist

$$U = \sum_i \epsilon_i \langle n_i\rangle = \mathcal{N}\frac{\sum_i \epsilon_i \exp(-\beta\epsilon_i)}{\sum_i \exp(-\beta\epsilon_i)} = -\mathcal{N}\frac{\partial}{\partial\beta}\ln\Big(\sum_i \exp(-\beta\epsilon_i)\Big) \tag{6.31}$$

$$= -\mathcal{N}\frac{\partial}{\partial\beta}\ln(V(2s+1)/\lambda^3) = -\frac{N}{V}\frac{\lambda^3}{2s+1}\frac{\partial}{\partial\lambda}\left(\frac{V}{\lambda^3}(2s+1)\right)\frac{\partial\lambda}{\partial\beta}$$

$$= \frac{3\mathcal{N}}{\lambda}\frac{\partial\lambda}{\partial\beta} = \frac{3}{2}\frac{\mathcal{N}}{\beta} = \frac{3}{2}\mathcal{N}k_B T,$$

so daß im Mittel auf jedes Teilchen die Energie $3/(2\beta) = 3/2\, k_B T$ entfällt (**Gleichvertei lungssatz**).

Die detaillierte Diskussion von Fermi- und Bose-Statistik werden wir im Zusammenhang mit konkreten Beispielen (Leitungselektronen in Metallen, Gitterschwingungen $\equiv$ Phononen, Photonen-Gas) in Teil III durchführen.

Warnung Der Boltzmann-Faktor $\exp(-\beta\epsilon_i)$ ist nicht zu verwechseln mit den relativen Wahrscheinlichkeiten $p_j = \exp(-\beta E_j)$ im statistischen Operator der kanonischen Gesamtheit! Denn: **1.** ist ϵ_i eine Einteilchenenergie, E_j die Energie eines Vielteilchenzustandes; **2.** gilt der obige Ausdruck für p_j generell für eine kanonische Gesamtheit unabhängig davon, ob unabhängige oder wechselwirkende Teilchen im System vorliegen und **3.** gilt die in Abschn. 5.3 hergeleitete Form des statistischen Operators für Fermionen wie Bosonen oder klassische Teilchen!

In Zusammenfassung dieses Kapitels haben wir die Ergebnisse für unabhängige identische Teilchen, getrennt für Bosonen und Fermionen, diskutiert und die Gleichgewichts-Besetzungszahlen berechnet, die durch die Fermi- und Bose-Verteilungen gegeben sind. Außerdem haben wir charakteristische Observablen wie die innere Energie und die Teilchenzahl berechnet. Die Grenzfälle niedriger Dichte und/oder hoher Temperatur führten zum klassischen Grenzfall und zur Boltzmann-Statistik.

Statistische Mechanik und Thermodynamik 7

Inhaltsverzeichnis

In diesem Kapitel werden wir den Zusammenhang der Lagrange-Parameter mit der Temperatur, dem chemischen Potential und dem Druck herstellen. Darüber hinaus werden thermodynamische Potentiale für die verschiedenen Gesamtheiten eingeführt, die Funktionen der natürlichen Variablen – sowie deren totale Differenziale – sind. Letztere führen zu verschiedenen Maxwell-Beziehungen zwischen thermodynamischen Größen. Wir werden die Hauptsätze der Thermodynamik formulieren (und beweisen) und insbesondere die spezifische Wärme und den thermischen Ausdehnungskoeffizienten diskutieren. Es wird gezeigt, daß das klassische ideale Gas insbesondere gegen den 3. Hauptsatz der Thermodynamik verstößt. Schließlich werden wir verschiedene Zustandsänderungen besprechen und den Wirkungsgrad für den Carnot-Kreisprozess und den Ottomotor berechnen.

© Der/die Autor(en), exklusiv lizenziert an Springer Nature Switzerland AG 2025
W. Cassing, *Theoretische Physik kompakt IV*,
https://doi.org/10.1007/978-3-031-96450-3_7

7.1   Temperatur: Wärmeaustausch

Wir wollen im Folgenden zeigen, daß der Lagrange-Parameter β mit der phänomenologischen Temperatur T über die Relation

$$\beta = \frac{1}{k_B T} \tag{7.1}$$

verknüpft ist, wo k_B die Boltzmann-Konstante ist.

Zunächst zeigen wir, daß für zwei Systeme, zwischen denen Energieaustausch möglich ist **(thermischer Kontakt),** im statistischen Gleichgewicht

$$\beta_1 = \beta_2 \tag{7.2}$$

sein muß. Die beiden separaten Systeme 1 und 2 seien charakterisiert durch ihre Hamilton-operatoren H_1 und H_2. Die vorgegebenen makroskopischen Daten seien die Teilchenzahlen N_1, N_2 und die Volumina V_1, V_2 sowie die Mittelwerte der Energie $U_1 = Sp(\rho_1 H_1)$, $U_2 = Sp(\rho_2 H_2)$, denen die Lagrange-Parameter β_1 und β_2 entsprechen (kanonische Gesamtheiten). Bringt man nun die beiden Systeme in thermischen Kontakt, so wird das so entstehende Gesamtsystem im allgemeinen noch nicht im Gleichgewicht sein. Durch Energieaustausch vermöge einer Wechselwirkung W zwischen den Systemen 1 und 2 wird sich nach genügend langer Zeit ein Gleichgewicht einstellen, bei dem die Entropie S des Gesamtsystems maximal ist. Wie wollen annehmen, daß die Wechselwirkung W zwischen den ursprünglichen Systemen so schwach ist, daß sie in der Energiebilanz vernachlässigt werden kann, obwohl sie für die Einstellung des Gleichgewichts entscheidend ist. Unter der Voraussetzung (siehe Abb. 7.1), daß N_1, V_1, U_1 und N_2, V_2, U_2 bekannt sind, kennen wir nach Einstellung des Gleichgewichts die Teilchenzahl

$$N = N_1 + N_2 \tag{7.3}$$

und das Volumen

$$V = V_1 + V_2 \tag{7.4}$$

scharf sowie den Mittelwert der Energie des Gesamtsystems:

$$\langle H \rangle = \langle H_1 + H_2 + W \rangle \approx \langle H_1 + H_2 \rangle = U; \tag{7.5}$$

die einzelnen Mittelwerte $\langle H_1 \rangle$ und $\langle H_2 \rangle$ kennen wir nicht, da zwischen den Systemen ja ein Energieaustausch stattgefunden hat. Die zu (7.3), (7.4) und (7.5) gehörende Gesamtheit im Gleichgewicht wird durch den statistischen Operator

Abb. 7.1 Zwei Systeme H_1
und H_2 im Wärmekontakt

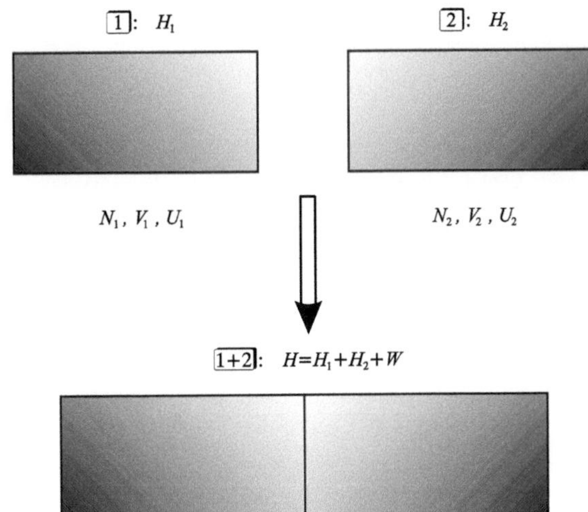

$$\rho = \frac{\exp\{-\beta(H_1 + H_2)\}}{Sp(\exp\{-\beta(H_1 + H_2)\})} \qquad (7.6)$$

beschrieben. Dabei ist der Lagrange-Parameter β durch die Bedingung

$$Sp(\rho H) = U \qquad (7.7)$$

festgelegt. Schreibt man

$$\exp\{-\beta(H_1 + H_2)\} = \exp(-\beta H_1)\exp(-\beta H_2), \qquad (7.8)$$

so kann man die Gleichgewichtsbedingung für das Gesamtsystem auch formulieren als

$$\beta_1 = \beta_2 = \beta. \qquad (7.9)$$

Ausgehend von den separaten Systemen mit $\beta_1 \neq \beta_2$ findet so lange Energieaustausch statt, bis $\beta_1 = \beta_2 = \beta$ geworden ist. Genau die gleiche Eigenschaft kommt der phänomenologisch eingeführten Temperatur zu: Bringt man zwei Systeme mit $T_1 \neq T_2$ in thermischen Kontakt, so findet Wärmeaustausch statt, bis $T_1 = T_2 = T$ geworden ist.

Aus den obigen Überlegungen folgt direkt (die Aussage wird oft als **0. Hauptsatz der Thermodynamik** bezeichnet):

Wenn zwei Systeme 1, 2 mit einem dritten System 3 im thermischen Gleichgewicht sind,

$$\beta_1 = \beta_3; \quad \beta_2 = \beta_3, \tag{7.10}$$

so sind 1 und 2 auch untereinander im thermischen Gleichgewicht:

$$\beta_1 = \beta_2. \tag{7.11}$$

Darauf beruht die Möglichkeit der Temperaturmessung: Mit Hilfe eines Thermometers (System 3) kann man die Temperaturen zweier Körper (Systeme 1 und 2) vergleichen. Als Thermometer kann jedes makroskopische System dienen, welches die folgenden Voraussetzungen erfüllt:

i) Bringt man das Thermometer mit dem zu untersuchenden System in thermischen Kontakt, so muß sich ein Parameter des Thermometers (z.B seine Länge oder sein elektrischer Widerstand o.ä.) monoton ändern (auf Grund des zu erwartenden Energieaustausches), bis thermisches Gleichgewicht erreicht ist.

ii) Das Thermometer muß viel **kleiner** sein (d. h. weniger Freiheitsgrade besitzen) als das zu untersuchende System, damit der Energieaustausch und damit die Störung an dem zu untersuchenden System möglichst gering ist.

Selbstverständlich ist bei jeder Temperaturmessung so lange zu warten, bis sich thermisches Gleichgewicht zwischen Thermometer und dem zu untersuchenden System eingestellt hat.

Die obigen Überlegungen zeigen, daß ein Zusammenhang zwischen der Temperatur T und dem Lagrange-Parameter β besteht,

$$\beta = \beta(T). \tag{7.12}$$

Über den Zusammenhang (7.12) können wir die folgende allgemeine Aussage beweisen: β **muß mit** T **abnehmen.** Phänomenologisch wissen wir, daß höhere Temperatur höhere Energie bedeutet. Andererseits gilt im Rahmen der statistischen Mechanik (vgl. Kap. 8):

$$(\Delta H)^2 = \langle H^2 \rangle - \langle H \rangle^2 = -\frac{\partial U}{\partial \beta} \geq 0. \tag{7.13}$$

Um den genauen funktionalen Zusammenhang von β und T zu finden, betrachten wir nun ein ideales Gas. Dafür hatten wir in Kap. 6, Gl. (6.31), gefunden:

$$U = \frac{3}{2}\mathcal{N}\beta^{-1}, \tag{7.14}$$

während die phänomenologische Thermodynamik liefert

$$U = \frac{3}{2}\mathcal{N}k_B T. \tag{7.15}$$

Wir identifizieren daher

$$\beta = \frac{1}{k_B T}. \tag{7.16}$$

Dabei haben wir (stillschweigend) davon Gebrauch gemacht, daß die thermodynamisch definierte innere Energie U mit $Sp(\rho H)$ zu identifizieren ist. Diese Identifikation folgt zwangsläufig, wenn man die Beschreibung eines realen makroskopischen Systems durch eine statististische Gesamtheit akzeptiert! In Abschn. 7.5 werden wir anhand der idealen Gas-Gleichung $PV = Nk_B T$ die Relation (7.16) bestätigen.

Anmerkung Die obigen Überlegungen über die Temperatur eines Systems lassen sich auch im Rahmen der mikrokanonischen Gesamtheit durchführen, wo zu Beginn die Systeme 1 und 2 als isoliert betrachtet werden, ebenso nach Einstellung des Gleichgewichts das Gesamtsystem. Wenn W im Rahmen der Energiebilanz vernachlässigbar ist (wie oben vorausgesetzt), so setzen sich Energie E (scharfer Wert!) und Entropie S des Gesamtsystems additiv aus den entsprechenden Größen der Einzelsysteme zusammen (Volumen und Teilchenzahl sind ja fest!) Der Gleichgewichtszustand ist charakterisiert durch

$$\delta S = \left(\frac{\partial S}{\partial E_1}\right)\delta E_1 + \left(\frac{\partial S}{\partial E_2}\right)\delta E_2 = 0 \tag{7.17}$$

unter der Nebenbedingung

$$\delta E = 0 \rightarrow \delta E_1 = -\delta E_2. \tag{7.18}$$

Kombination von (7.17) mit (7.18) ergibt die Gleichgewichtsbedingung

$$\frac{\partial S}{\partial E_1} = \frac{\partial S}{\partial E_2}, \tag{7.19}$$

welche zu Gl. (7.2) äquivalent ist in der Form

$$\frac{\partial S}{\partial U_1} = \frac{\partial S}{\partial U_2} = \beta. \tag{7.20}$$

Die durch $\partial S/\partial E$ definierte Temperatur der **mikrokanonischen** Gesamtheit ist nicht identisch mit der durch $\partial S/\partial U$ definierten Temperatur der **kanonischen** Gesamtheit; der Unterschied verschwindet jedoch mit wachsender Teilchenzahl (vgl. Kap. 8).

7.2   Chemisches Potential: Teilchenaustausch

Wir untersuchen als nächstes zwei Systeme, die sowohl Energie als auch Teilchen austauschen können. Die Behandlung geschieht analog zum Wärmeaustausch. Die beiden separaten Systeme werden als großkanonische Gesamtheit beschrieben:

$$\rho_i = \frac{\exp\{-\beta_i H_i - \alpha_i \hat{N}_i\}}{Sp(\exp\{-\beta_i H_i - \alpha_i \hat{N}_i\})} \tag{7.21}$$

für i = 1, 2, wobei im allgemeinen

$$\beta_1 \neq \beta_2; \ \alpha_1 \neq \alpha_2 \tag{7.22}$$

sein wird. Bringt man die Systeme in Kontakt, so daß sie Energie und Teilchen austauschen können, so stellt sich nach genügend langer Zeit ein Gleichgewicht für das Gesamtsystem ein. Der statistische Operator des Gesamtsystems, für das

$$U = Sp(\rho H) \tag{7.23}$$

und

$$\mathcal{N} = Sp(\rho \hat{N}) \tag{7.24}$$

$$H = H_1 + H_2(+W); \ \hat{N} = \hat{N}_1 + \hat{N}_2, \tag{7.25}$$

bekannt sind, hat die Form:

$$\rho = \frac{\exp\{-\beta[H_1 + H_2] - \alpha[\hat{N}_1 + \hat{N}_2]\}}{Sp(\exp\{-\beta[H_1 + H_2] - \alpha[\hat{N}_1 + \hat{N}_2]\})}. \tag{7.26}$$

Da der exp- Operator in (7.26) sich aufspalten läßt in

$$\exp\{-\beta H_1 - \alpha \hat{N}_1\} \exp\{-\beta H_2 - \alpha \hat{N}_2\}, \tag{7.27}$$

lauten die Gleichgewichtsbedingungen:

$$\beta_1 = \beta_2; \quad \alpha_1 = \alpha_2. \tag{7.28}$$

Üblicherweise führt man statt α die Größe

$$\mu = -\frac{\alpha}{\beta} = -\alpha k_B T \tag{7.29}$$

ein, so daß (7.28) übergeht in

$$\beta_1 = \beta_2; \quad \mu_1 = \mu_2. \tag{7.30}$$

Da der Gleichgewichtsparameter μ bei chemischen Reaktionen (**Beispiel:** Dissoziation von atomarem Wasserstoff: $H \leftrightarrow p + e$) eine wichtige Rolle spielt, nennt man ihn allgemein **chemisches Potential.**

Die Gleichgewichtsbedingungen lassen sich auch für den Fall formulieren, daß sowohl die separaten Systeme als auch das Gesamtsystem isolierte Systeme sind (mikrokanonische Gesamtheit). Der Gleichgewichtszustand des Gesamtsystems ist dann, da $V = V_1 + V_2$ fest ist, charakterisiert durch

$$\delta S = \left(\frac{\partial S}{\partial E_1}\right)\delta E_1 + \left(\frac{\partial S}{\partial E_2}\right)\delta E_2 + \left(\frac{\partial S}{\partial N_1}\right)\delta N_1 + \left(\frac{\partial S}{\partial N_2}\right)\delta N_2 = 0 \tag{7.31}$$

bei

$$\delta N = 0 \rightarrow \delta N_1 = -\delta N_2 \tag{7.32}$$

und

$$\delta E = 0 \rightarrow \delta E_1 = -\delta E_2. \tag{7.33}$$

Dies ergibt die Gleichgewichtsbedingungen

$$\frac{\partial S}{\partial E_1} = \frac{\partial S}{\partial E_2}; \quad \frac{\partial S}{\partial N_1} = \frac{\partial S}{\partial N_2}, \tag{7.34}$$

welche – in Übereinstimmung mit (7.20) – für den Fall der großkanonischen Gesamtheit lauten:

$$\frac{\partial S}{\partial U_1} = \frac{\partial S}{\partial U_2}; \qquad \frac{\partial S}{\partial \mathcal{N}_1} = \frac{\partial S}{\partial \mathcal{N}_2}. \tag{7.35}$$

Man beachte, daß analog Abschn. 7.1 nur für große Teilchenzahlen $\partial S/\partial N = \partial S/\partial \mathcal{N}$ wird.

7.3 Druck: Volumenaustausch, äußere Arbeit

Im allgemeinen Fall, wo für die Einzelsysteme wie für das Gesamtsystem nur die Mittelwerte von Energie, Teilchenzahl und Volumen festgelegt sind, hat der statistische Operator des Gesamtsystems nach Einstellung des Gleichgewichts die Form (vgl. (5.47)):

$$\rho = \frac{\exp\{-\alpha \hat{N} - \beta H - \gamma \hat{x}\}}{Sp(\exp\{-\alpha \hat{N} - \beta H - \gamma \hat{x}\})}. \tag{7.36}$$

Dies entspricht der Situation, wo die beiden Systeme 1 und 2 durch einen in x-Richtung (frei) beweglichen Stempel getrennt sind, welcher zugleich für Energie und Teilchen durchlässig ist (siehe Abb. 7.2).

Im Gleichgewicht muß entsprechend den Überlegungen zu 1) und 2) gelten:

$$\beta_1 = \beta_2 \quad \text{(therm. Gleichgewicht)} \tag{7.37}$$

$$\alpha_1 = \alpha_2 \quad \text{(chemisches Gleichgewicht)} \tag{7.38}$$

Abb. 7.2 Zwei Systeme H_1 and H_2 in thermischem und mechanischem Kontakt, die ebenfalls Teichenaustausch erlauben

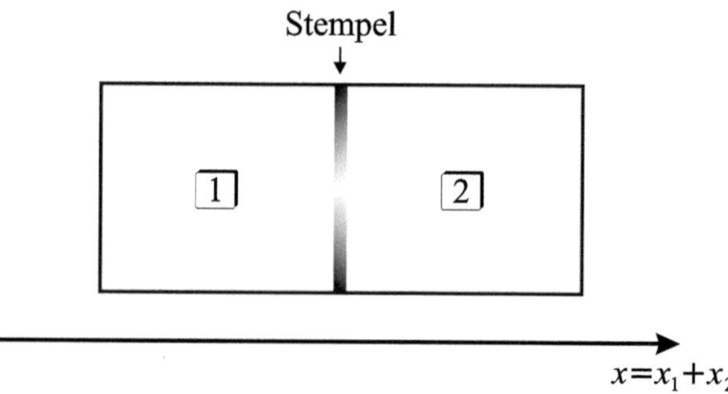

und

$$\gamma_1 = \gamma_2 \quad \text{(mechanisches Gleichgewicht)}. \qquad (7.39)$$

Mit (vgl. Gl. (5.48))

$$S = k_B(\ln Z + \alpha \mathcal{N} + \beta U + \gamma X) \qquad (7.40)$$

können wir (7.37), (7.38), (7.39) auch schreiben als

$$\frac{\partial S}{\partial U_1} = \frac{\partial S}{\partial U_2}; \quad \frac{\partial S}{\partial \mathcal{N}_1} = \frac{\partial S}{\partial \mathcal{N}_2}; \quad \frac{\partial S}{\partial X_1} = \frac{\partial S}{\partial X_2} \qquad (7.41)$$

in Analogie zu (7.35).

Um den Parameter γ mit dem Druck in Verbindung zu bringen, denken wir uns System 2 durch eine äußere Kraft (Gewicht im Schwerefeld, vorgespannte Feder) ersetzt (siehe Abb. 7.3).

Den statistischen Operator für das Gleichgewicht erhält man dann, indem man zum Hamilton-Operator H des Systems die potentielle Energie $-f\hat{x} = Mg\hat{x}$ des Stempels hinzufügt, also ansetzt:

$$\rho = \rho(H - f\hat{x}, \hat{N}). \qquad (7.42)$$

Der Vergleich mit (5.47) ($\rho = \rho(\beta H + \gamma \hat{x}, \hat{N})$) führt dann auf

$$\beta H + \gamma \hat{x} = \beta H - \beta f \hat{x}.$$

Ein Vergleich der Koeffizienten liefert

$$\gamma = -\beta f, \qquad (7.43)$$

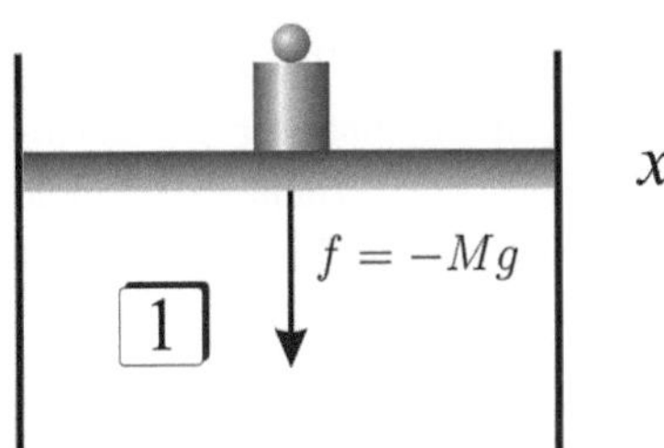

Abb. 7.3 Beispiel für ein System unter dem Einfluß einer äußeren Kraft $f = -Mg$, wobei M die Masse des Gewichts beschreibt

wobei $f = -Mg$ die konstante äußere Kraft ist. Wir können daher

$$T \frac{\partial S}{\partial V} = \frac{T}{F} \frac{\partial S}{\partial X} = \frac{\gamma}{F\beta} =: P \tag{7.44}$$

als den Druck P des Systems auf den Stempel auffassen; F sei dabei die Fläche des Stempels. Übertragen wir dieses Ergebnis auf unser ursprüngliches Beispiel, so sehen wir, daß die Gleichgewichtsbedingung $\partial S/\partial V_1 = \partial S/\partial V_2$ gerade $P_1 = P_2$ bedeutet; V bzw. V_i bezeichnen die Mittelwerte der Volumina der betreffenden Systeme.

Ergebnis: Die formalen Lagrange-Parameter α, β und γ haben wir verknüpft mit Temperatur T, chemischem Potential μ und Druck P. Also: Zu vorgegebener innerer Energie U gehört ein bestimmter Wert von T, zu vorgegebener mittlerer Teilchenzahl $\mathcal{N}$ ein bestimmter Wert von μ und zu vorgegebenem Mittelwert V des Volumens ein bestimmter Druck P. Der statistische Operator ρ (7.36) kann somit auch geschrieben werden als

$$\rho = \frac{\exp\{-\beta(H - \mu\hat{N} + P\hat{V})\}}{Sp(\exp\{-\beta(H - \mu\hat{N} + P\hat{V})\})}. \tag{7.45}$$

Für die Entropie S erhalten wir (nach Multiplikation mit T)

$$TS = Tk_B \ln Z + U - \mu\mathcal{N} + PV. \tag{7.46}$$

7.4 Einfache Beispiele

In diesem Abschnitt behandeln wir einige einfache Beispiele für die oben hergeleiteten Gleichgewichtsbedingungen (7.41)

$$T_1 = T_2; \qquad P_1 = P_2; \qquad \mu_1 = \mu_2.$$

Dabei wird die Bedingung $\mu_1 = \mu_2$ im Vordergrund stehen, welche das chemische Gleichgewicht (Gleichgewicht gegenüber Teilchenaustausch) beschreibt. Die Systeme 1 und 2, die miteinander im Gleichgewicht sein sollen, wollen wir als homogen annehmen ($\mathcal{N}/V = \text{const}$). Dann sind Teilchenzahl und Volumen keine unabhängigen Variablen des Systems, was zur Folge hat, daß die drei Bedingungen (7.41) nicht unabhängig sind. Man kann daher $z.B.$ μ als Funktion von P und T auffassen

$$\mu = \mu(P, T),$$

womit in (7.41) die dritte Bedingung aus den beiden ersten folgt.

Beispiel 1: Phasengleichgewichte

Erfahrungsgemäß kann ein- und dieselbe Substanz, bestehend aus einer bestimmten Sorte von Atomen oder Molekülen, in verschiedenen Modifikationen (**Phasen**) vorkommen. Verschiedene Phasen besitzen verschiedene physikalische Eigenschaften wie Dichte, Kompressibilität, Suszeptibilität etc. Man unterscheidet zunächst grob **feste, flüssige** und **gasförmige** Phasen; feste und flüssige Phasen können ihrerseits noch in verschiedenen Modifikationen vorkommen, etwa als verschiedene Gitterstrukturen der gleichen Substanz, oder in **ferromagnetischen, supraleitenden, suprafluiden** Phasen.

Phasengleichgewicht liegt vor, wenn zwei oder mehrere Phasen miteinander in Kontakt sind und die Gleichgewichtsbedingungen (7.41) erfüllt sind. Es handelt sich dann insgesamt um ein inhomogenes System; jede einzelne Phase kann jedoch für sich genommen als homogen angesehen werden.

Für ein Zweiphasensystem eines Stoffes lautet Gl. (7.41)

$$\mu_1(P, T) = \mu_2(P, T), \tag{7.47}$$

wobei P und T die beiden Phasen gemeinsamen Größen Druck und Temperatur sind. Durch (7.47) wird in der $P - T$-Ebene (siehe Abb. 7.4) eine Grenzlinie $P = P(T)$ festgelegt, auf der zwei Phasen koexistieren können. Auf den beiden Seiten einer solchen Grenzlinie kann dagegen jeweils nur eine Phase existieren.

Beim Dreiphasensystem eines Stoffes lauten die Gleichgewichtsbedingungen für Teilchenaustausch

$$\mu_1(P, T) = \mu_2(P, T) = \mu_3(P, T). \tag{7.48}$$

Durch (7.48) wird im $P - T$ Diagramm ein Punkt festgelegt (t_r), der sog. **Tripelpunkt,** in dem alle drei Phasen simultan existieren können. Offensichtlich können nicht mehr als drei Phasen eines Stoffes im Gleichgewicht sein. Oberhalb eines kritischen Punktes (k_r) ist eine eindeutige Unterscheidung von Flüssigkeit und Gas nicht mehr möglich. Der 'Phasenübergang' wird dann als 'crossover' bezeichnet.

Verallgemeinert man die obigen Überlegungen, so erhält man die **Phasenregel von Gibbs:**

Für n verschiedene Stoffe hängen die chemischen Potentiale μ_i^a (i = Phase, a = Stoff) in jeder Phase außer von P und T noch von den $(n - 1)$ Konzentrationen c_a der Stoffe

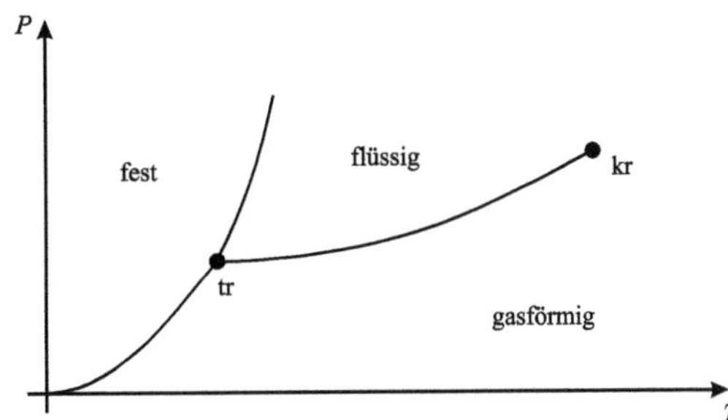

Abb. 7.4 Beispiel für ein P-T-Diagramm

ab. Sind r Phasen im Gleichgewicht, so erhält man als Gleichgewichtsbedingungen (analog (7.48)) $n \cdot (r-1)$ Gleichungen. Die Variablen, von denen die μ_i^a abhängen, sind P und T sowie $(n-1)$ Konzentrationen c_a für jede Phase; dies sind $2 + r \cdot (n-1)$ Variable. Bei Berücksichtigung der $n \cdot (r-1)$ Gleichgewichtsbedingungen bleiben also

$$f = 2 + r \cdot (n-1) - (n \cdot (r-1)) = 2 + n - r \tag{7.49}$$

freie unabhängige Variable übrig. In (7.49) gibt f die Zahl der Variablen an, die man ohne Zerstörung des Gleichgewichts beliebig ändern darf. Ist $f = 0$, also $r = n+2$, so sind durch die Gleichgewichtsbedingungen alle Variablen festgelegt; man kann keine der Variablen ändern, ohne das Gleichgewicht zu zerstören.

> Die Maximalzahl der Phasen eines Systems mit n Komponenten (Stoffen), die simultan im Gleichgewicht sind, ist also $n + 2$.

Beispiel 2: Chemische Reaktionen

Chemische Reaktionen, die in einer Mischung von miteinander reagierenden Stoffen ablaufen, führen schließlich dazu, daß sich ein Gleichgewichtszustand einstellt, in welchem sich die Mengen der an der Reaktion beteiligten Stoffe nicht mehr ändern: **chemisches Gleichgewicht.** Jede chemische Reaktion läuft im allgemeinen in beiden Richtungen ab; vor Erreichen des Gleichgewichts überwiegt eine Reaktionsrichtung, im Gleichgewicht laufen die beiden entgegengesetzten Reaktionen mit solchen Geschwindigkeiten ab, daß die Gesamtmenge eines jeden an der Reaktion beteiligten Stoffes sich nicht mehr ändert. Gegenstand der **Thermodynamik der chemischen Reaktionen** ist nur die Untersuchung des Gleichgewichts, nicht die der Prozesse, die zum Gleichgewicht führen.

Bei einer chemischen Reaktion können sich die Teilchenzahlen der verschiedenen Reaktionspartner nicht beliebig ändern. Zum Beispiel ist bei der Reaktion

$$H + D \Leftrightarrow HD \tag{7.50}$$

stets

$$\delta N_H = \delta N_D = -\delta N_{HD}, \tag{7.51}$$

oder bei

$$2H_2 + O_2 \Leftrightarrow 2\,H_2O \tag{7.52}$$

ist

$$2\delta N_{H_2} = -2\delta N_{H_2O} = \delta N_{O_2} \tag{7.53}$$

für eine chemische Reaktion ($\delta N = 1$). Schreibt man chemische Reaktionionen als

$$\sum_i v_i A_i = 0, \tag{7.54}$$

wobei A_i das chemische Symbol der i-ten Teilchenart bedeutet, so ist

$$\delta N_i = \nu_i \delta N, \tag{7.55}$$

wenn δN die Zahl der elementaren Reaktionen ist. Im Beispiel (7.53) ist $\nu_1 = 2$ (für H_2), $\nu_2 = 1$ (für O_2) und $\nu_3 = -2$ (für H_2O). Der Gleichgewichtszustand eines abgeschlossenen Systems besitzt dann ein Maximum der Entropie S bzgl. der Änderungen der N_i unter den Nebenbedingungen (7.55). Setzt man also

$$0 = \delta S = \sum_i \left(\frac{\partial S}{\partial N_i} \right) \delta N_i = -\beta \sum_i \mu_i \, \delta N_i = -\beta \left(\sum_i \mu_i \, \nu_i \right) \delta N = 0 \tag{7.56}$$

in Gl. (7.55) ein, so entsteht als Bedingung für chemisches Gleichgewicht:

$$\sum_i \nu_i \mu_i = 0. \tag{7.57}$$

Kennt man die chemischen Potentiale $\mu_i(P, T, c_i)$ der Reaktionspartner als Funktion von Druck P, Temperatur T und der Konzentrationen $c_i = N_i/(\sum_i N_i)$, so ergibt Gl. (7.57) eine Relation zwischen den Konzentrationen c_i, P und T (**Massenwirkungsgesetz**).

7.5 Einstellung des Gleichgewichts

Gemessen an der Theorie des statistischen Gleichgewichts ist die Theorie thermodynamischer Prozesse – speziell die Einstellung des Gleichgewichts – etwas aufwändiger. Daher werden zu diesem Thema hier nur einige qualitative Aussagen gemacht, welche die in 7.1–7.3 besprochene Verknüpfung thermodynamischer Größen (μ, T, P) mit Größen der statistischen Mechanik (Lagrange-Parameter α, β, γ) bestätigen. Für die Behandlung von Prozessen außerhalb des Gleichgewichtes sei auf Teil IV verwiesen.

Wir betrachten als erstes den Fall der Einstellung thermischen Gleichgewichts. Die beiden Systeme 1, 2 seien anfangs gekennzeichnet durch $\beta_1 > \beta_2$ ($T_1 < T_2$). Bringt man das System in thermischen Kontakt, so wird die Entropie von $1 + 2$ anwachsen, da wir die Festlegung der inneren Energien U_1 und U_2 durch nur noch eine Bedingung für die gesamte innere Energie U ersetzen, also Information verlieren. Nach Herstellung des thermischen Kontakts wird also S zunehmen, so daß bei quasi-statischer Prozeßführung ($s.u.$) aus

$$\delta S > 0 \tag{7.58}$$

folgt:

$$\left(\frac{\partial S_1}{\partial U_1} - \frac{\partial S_2}{\partial U_2}\right)\delta U_1 > 0, \tag{7.59}$$

wenn man benutzt

$$\delta U_1 = -\delta U_2. \tag{7.60}$$

Mit $\beta_1 = \partial S_1/\partial U_1$, $\beta_2 = \partial S_2/\partial U_2$ wird

$$(\beta_1 - \beta_2)\delta U_1 > 0 \tag{7.61}$$

oder, da $\beta_1 > \beta_2$ vorausgesetzt war,

$$\delta U_1 > 0. \tag{7.62}$$

Gl. (7.62) besagt, daß die Energie des Systems mit der tieferen Temperatur zunimmt, bis thermisches Gleichgewicht erreicht ist.

Wir betrachten nun 2 Substanzen, welche miteinander im thermischen Gleichgewicht sind ($\beta_1 = \beta_2 = \beta = 1/(k_B T)$), jedoch noch nicht im mechanischen Gleichgewicht: $\gamma_1 > \gamma_2$ ($P_1 > P_2$). Das Gesamtsystem entwickelt sich dann so, daß die Entropie anwächst bis auch mechanisches Gleichgewicht herrscht. Nachdem man die Systeme in Kontakt gebracht hat, ist also entsprechend den Überlegungen zu Fall 1:

$$\left(\frac{\partial S_1}{\partial V_1} - \frac{\partial S_2}{\partial V_2}\right)\delta V_1 = \frac{1}{T}(P_1 - P_2)\delta V_1 > 0. \tag{7.63}$$

Da $P_1 > P_2$ vorausgesetzt war, folgt:

$$\delta V_1 > 0, \tag{7.64}$$

also: das System mit dem höheren Druck expandiert, bis auch mechanisches Gleichgewicht erreicht ist.

Nach dem gleichen Verfahren beweist man, daß bei der Einstellung des chemischen Gleichgewichts das System mit dem höheren chemischen Potential μ Teilchen an das System mit niedrigerem chemischen Potential abgibt.

7.6　Thermodynamische Potentiale

In der phänomenologischen Thermodynamik kann jeder Gleichgewichtszustand durch genau 1 Funktion der **natürlichen** Variablen des Systems vollständig beschrieben werden. Eine solche Funktion, aus der sich durch Differenziation alle weiteren thermodynamischen Größen bestimmen lassen, heißt **thermodynamisches Potential.** Die natürlichen Variablen sind die unabhängig experimentell vorgegebenen Variablen des Systems; bei Abwesenheit äußerer Felder und für Systeme identischer Teilchen gibt es je nach den makroskopischen Bedingungen 3 solche Variablen, z. B. E, V, N für ein **isoliertes System** oder T, V, N für ein **System in thermischem Kontakt mit einem Wärmereservoir.** Je nach der Wahl der natürlichen Variablen gibt es verschiedene thermodynamische Potentiale. So ist die **freie Energie** $F =: U - TS$ das thermodynamische Potential der natürlichen Variablen T, V, N, während zu T, P, N die **freie Enthalpie** $G =: U - TS + PV$ thermodynamisches Potential ist.

Die Bedeutung der natürlichen Variablen wird besonders klar aus der Sicht der statistischen Mechanik: Für jedes System einer statistischen Gesamtheit haben die natürlichen Variablen den gleichen, festen Wert, die anderen thermodynamischen Größen sind nur als Mittelwerte zu verstehen und Fluktuationen unterworfen. Diesen Unterschied kennt die phänomenologische Thermodynamik nicht; statistische Mechanik und phänomenologische Thermodynamik können also erst dann miteinander voll in Einklang gebracht werden, wenn die Fluktuationen der Mittelwerte verschwindend klein werden, d. h. für sehr große Teilchenzahlen (vgl. Kap. 8).

In der Tab. (7.65) sind die praktisch wichtigsten thermodynamischen Potentiale und ihre natürlichen Variablen zusammengestellt.

$$
\begin{array}{cllll}
 & \text{thermodyn. Potential} & \text{natürliche Variable} & \text{totales Differential} & \\
I & S & E, V, N & dS = \frac{1}{T}dE + \frac{P}{T}dV - \frac{\mu}{T}dN & \\
II & F = U - TS & T, V, N & dF = -SdT - PdV + \mu dN & \\
III & G = U - TS + PV & T, P, N & dG = -SdT + VdP + \mu dN & (7.65) \\
IV & J =: E - TS - \mu N & T, V, \mu & dJ = -SdT - PdV - Nd\mu & \\
V & U & S, V, N & dU = TdS - PdV + \mu dN & \\
VI & \epsilon := U + PV & S, P, N & d\epsilon = TdS + VdP + \mu dN &
\end{array}
$$

mit der **Entropie** S, der **freien Energie** F, der **freien Enthalpie** G, dem **großkanonischen Potential** J, der **inneren Energie** U und der **Enthalpie** $\epsilon = U + PV$.

Die totalen Differentiale geben an, wie die thermodynamischen Potentiale sich bei **quasistatischen** Prozessen ändern auf Grund infinitesimaler Änderung der natürlichen Variablen. Quasi-statische Prozesse sind solche, die langsam verglichen mit der Einstellzeit des Gleichgewichts verlaufen; es wird also eine Kette von nahe beieinander liegenden Gleichgewichtszuständen durchlaufen. Quasi-statische Prozesse können sowohl reversibel als auch irreversibel sein. Ein einfaches Beispiel ist der Wärmeaustausch zwischen 2 Systemen mit einer endlichen Temperaturdifferenz durch einen sehr schlecht wärmeleitenden Kontakt. Ein solcher Prozeß ist quasi-statisch, jedoch irreversibel.

Wir beginnen mit der Diskussion von Fall I, in dem E, N, V die natürlichen Variablen sind. Dies ist der Fall eines **abgeschlossenen Systems,** den wir mit Hilfe der **mikrokanonischen Gesamtheit** beschreiben können. Dafür hatten wir in Kap. 5.2 gefunden:

$$
S = k_B \ln Z_m, \tag{7.66}
$$

wo die Zahl der Realisierungsmöglichkeiten des Makrozustandes Z_m eine Funktion von E, V, N ist,

$$Z_m = Z_m(E, V, N). \tag{7.67}$$

Also wird auch

$$S = S(E, V, N). \tag{7.68}$$

S ist in der Tat das gesuchte **thermodynamische Potential** Entropie. Dazu bilden wir das totale Differential

$$dS = \left(\frac{\partial S}{\partial E}\right) dE + \left(\frac{\partial S}{\partial V}\right) dV + \left(\frac{\partial S}{\partial N}\right) dN \tag{7.69}$$

und berücksichtigen die Ergebnisse aus den Abschn. 7.1–7.3. Bei quasi-statischer Prozeßführung ist $\partial S/\partial E$ gerade über

$$\frac{\partial S}{\partial E} = k_B \beta = \frac{1}{T} \tag{7.70}$$

mit der Temperatur T (der mikrokanonischen Gesamtheit) verknüpft; entsprechend

$$\frac{\partial S}{\partial N} = -k_B \beta \mu = -\frac{\mu}{T} \tag{7.71}$$

und

$$\frac{\partial S}{\partial V} = k_B \beta P = \frac{P}{T}, \tag{7.72}$$

wobei P der Druck und μ das chemische Potential (der mikrokanonischen Gesamtheit) ist. Damit wird wie gefordert (siehe Tab. (7.65))

$$T dS = dE + P dV - \mu dN; \tag{7.73}$$

diese Relation wird uns bei der Diskussion des 1. Hauptsatzes der Thermodynamik wieder begegnen. Es ist allerdings zu beachten, daß die oben eingeführten Größen T, P und μ nur dann mit den in den Abschn. 7.1–7.3 diskutierten Größen übereinstimmen, wenn die Fluktuationen von U, N und V verschwindend klein werden (vgl. Kap. 8).

Wir wählen nun T, V, N als natürliche Variable. Da nach Abschn. 7.1 $T = 1/(k_B \beta)$ ist und da β die innere Energie U eines Systems (als Mittelwert!) festlegt, können wir auch U, V, N als gegeben ansehen, $-V$ und N als scharfe Werte, U als Mittelwert -. Dies ist genau die Situation, die wir mit Hilfe der **kanonischen Gesamtheit** beschrieben haben. Für die Zustandssumme Z_k hatten wir gefunden (Kap. 5):

$$Z_k = \sum_i \exp\{-\beta E_i\}; \tag{7.74}$$

zu summieren ist über alle Mikrozustände zu fester Teilchenzahl N und festem Volumen V; E_i sind die zugehörigen Energien des Systems. Da die Energien E_i von N und V als Parameter abhängen, ist

$$Z_k = Z_k(\beta, N, V). \tag{7.75}$$

Das gesuchte thermodynamische Potential ist (mit $S = k_B(\ln Z_k + \beta U) = k_B \ln Z_k + U/T$)

$$F =: -k_B T \ln Z_k = U - TS, \tag{7.76}$$

vgl. (5.30), in Übereinstimmung mit der phänomenologischen Thermodynamik. Für das totale Differential erhält man

$$dF = dU - TdS - SdT, \tag{7.77}$$

oder, wenn man die Fluktuationen von U vernachlässigt und dU aus der Tab. (7.65) übernimmt:

$$dF = (TdS - PdV + \mu dN) - TdS - SdT = -SdT - PdV + \mu dN. \tag{7.78}$$

Entsprechende Überlegungen können auf die Fälle III und V angewendet werden. Die allgemeine Gleichgewichtsbedingung $\delta S = 0$ geht für die Fälle II bis VI über in die entsprechende Bedingung für F, U, G bzw. J.

Bemerkung: Im mathematischen Sinn entsprechen die verschiedenen thermodynamischen Potentiale den Legendre Transformationen bzgl. der konjugierten Variablen (T, S), (μ, N) und (P, V).

Eine Reihe nützlicher Relationen (die **Maxwell-Relationen**) ergeben sich aus den Integrabilitätsbedingungen für die totalen Differentiale für S, F, G, U, J und weitere (praktisch weniger wichtige) thermodynamische Potentiale.

Beispiel: Damit (7.78) totales Differential von $F = F(T, V, N)$ ist, muß u. a. erfüllt sein:

$$\left(\frac{\partial^2 F}{\partial T \partial V}\right) = \left(\frac{\partial^2 F}{\partial V \partial T}\right) \quad \text{oder} \quad \left(\frac{\partial S}{\partial V}\right)_{T,N} = \left(\frac{\partial P}{\partial T}\right)_{V,N}, \tag{7.79}$$

wobei die Indizes angeben, welche Größen bei Bildung der partiellen Ableitung fest zu halten sind. Zweckmäßigerweise legt man sich für jedes thermodynamische Potential in (7.65) eine Tabelle der möglichen Maxwell-Relationen an.

7.7　Die Hauptsätze der Thermodynamik

Der 1. Hauptsatz ist nichts anderes als eine für die Zwecke der Thermodynamik geeignete
Formulierung des allgemeinen Energiesatzes:

> 1. **Die Energie eines isolierten Systems ist zeitlich konstant.**

Diese Aussage liefert auch die statistische Mechanik, denn ein isoliertes System wird durch
die mikrokanonische Gesamtheit beschrieben, für die alle Systeme der Gesamtheit die gleiche, zeitlich konstante Energie haben.

> 2. **Die innere Energie eines Systems ändert sich, wenn dem System Energie zuge-
> führt (entzogen) wird.**
> Die Änderung ΔU zerlegt man in der Thermodynamik in 2 Anteile: die am (vom)
> System von (an) der Umgebung geleistete Arbeit ΔW und die aufgenommene
> (abgegebene) Wärme ΔQ,
>
> $$\Delta U = \Delta Q + \Delta W. \tag{7.80}$$

Diese Aufteilung ist nicht durch Anfangs- und Endzustand des Systems bestimmt, sondern
hängt vom Charakter des Prozesses ab; die Größen W und Q sind also keine thermodynamischen Potentiale. Zur begrifflichen Unterscheidung von W und Q betrachten wir die
(äußeren) Parameter des Systems wie Volumen, äußere Felder, räumliche Position des Systems etc.: ΔW rührt her von der Änderung der äußeren Parameter, z. B. dem Volumen,
während $\Delta Q \neq 0$ auch dann sein kann, wenn äußere Parameter sich nicht ändern. **Beispiel:**
Man nehme eine Flasche Bier aus dem Kühlschrank und stelle sie (auf gleicher Höhe) auf
einen Tisch. Dann ist $\Delta W = 0$, da keine Arbeit geleistet wird. Trotzdem wird von der
Umgebung Energie auf die Flasche Bier übertragen in Form von Wärme: $\Delta U = \Delta Q \neq 0$;
dabei ändert das Bier seinen Zustand, es wird wärmer.

Um den 1. Hauptsatz in Form der Energiebilanz (7.80) aus der statistischen Mechanik
herzuleiten zerlegen wir den Prozeß der Energieänderung in lauter quasi-statische Schritte.
Für jeden solchen Schritt gilt gemäß der Tab. (7.65)

$$dU = T dS - P dV + \mu dN, \tag{7.81}$$

oder (wie in (7.80) stillschweigend angenommen) bei fester Teilchenzahl ($dN = 0$)

$$dU = T dS - P dV = \delta Q + \delta W. \tag{7.82}$$

Der 2. Term ist offensichtlich mit der geleisteten Arbeit zu identifizieren

$$\delta W = -P dV; \tag{7.83}$$

damit bleibt

$$\delta Q = T dS. \tag{7.84}$$

(**Bemerkung:** Wir schreiben δW und δQ, um anzudeuten, daß W und Q keine thermodynamischen Potentiale sind.)

Gl. (7.84) ist in Einklang mit der im Rahmen des 2. Hauptsatzes ausgesprochenen Verknüpfung von Entropie und Wärme, wenn wir die fehlende Information S mit der Entropie identifizieren. Bevor wir diesen Gedanken fortführen, wollen wir noch einmal kurz auf die Aufspaltung von dU in die beiden Anteile Wärme und Arbeit zurückkommen.

Ausgehend von der allgemeinen Formel für den Mittelwert der inneren Energie

$$U = \sum_i p_i E_i \tag{7.85}$$

bilden wir

$$dU = \sum_i E_i dp_i + \sum_i p_i dE_i = \delta Q + \delta W. \tag{7.86}$$

Da Wärme-Transfer bei festen äußeren Parametern erfolgt, und da bei festen äußeren Parametern (z. B. Volumen) die Energieeigenwerte des Systems festliegen, stellt der 1. Term in (7.86) den Wärme-Transfer dar,

$$\delta Q = \sum_i E_i dp_i, \tag{7.87}$$

herrührend von einer Änderung der die Gesamtheit beschreibenden Wahrscheinlichkeiten p_i. Damit folgt für die geleistete Arbeit

$$\delta W = \sum_i p_i dE_i; \tag{7.88}$$

sie rührt her von einer durch Änderung äußerer Parameter (z. B. Volumen) bedingten Änderung der Energieniveaus des Systems.

Der **2. Hauptsatz der Thermodynamik** besagt, daß einem makroskopischen System im Gleichgewicht eine Größe **Entropie** zugeordnet werden kann, welche folgende Eigenschaften besitzt:

> 1. Bei quasi-statischer Prozeßführung ist die vom System aufgenommene **Wärme** δQ **mit einer Entropieänderung dS verknüpft** durch
>
> $$dS = \frac{\delta Q}{T},\qquad\qquad(7.89)$$
>
> wobei T die Temperatur des Systems im Gleichgewicht ist.
> 2. **Die Entropie eines isolierten Systems kann niemals abnehmen** $(\Delta S \geq 0)$.

Die von uns eingeführte fehlende Information S besitzt nach Gl. (7.84) und (4.36) genau die oben geforderten Eigenschaften und kann daher endgültig mit der Entropie identifiziert werden. Prozesse, für die $S(0) = S(t)$ gilt, nennt man reversibel, solche mit $S(0)\langle S(t)$ irreversibel. Irreversible Prozesse sind also solche, die **von allein** nur in einer Richtung laufen; reversible Prozesse sind Idealisierungen, die für den Aufbau der Thermodynamik unentbehrlich sind (Beispiel: Carnot'scher Kreisprozeß). Jeder reale Prozeß enthält irreversible Anteile und läuft von selbst solange, bis die Entropie ein Maximum erreicht: **statistisches Gleichgewicht.**

Anmerkungen

α) Überträgt man die obigen Aussagen naiv auf das gesamte Universum, so müßte dessen Entropie laufend ansteigen, bis totales Gleichgewicht erreicht ist **(Wärmetod)**. Diese Überlegung ist jedoch nicht schlüssig, da wir die statistische Mechanik im Rahmen einer nichtrelativistischen Theorie aufgebaut haben, welche sicher nicht auf das Universum als Ganzes anwendbar ist.

β) Man beachte, daß (7.73) nur für quasi-statische Prozesse gilt. Ist diese Bedingung nicht erfüllt, so gilt stattdessen die Ungleichung

$$T\,dS > dE + P\,dV - \mu\,dN.\qquad\qquad(7.90)$$

3. Die Entropie ist eine **extensive** Größe.
   Diese Eigenschaft der Additivität gilt auch für die fehlende Information S : Betrachtet man 2 unabhängige Systeme 1, 2 mit den statistischen Operatoren ρ_1, ρ_2 als ein neues, kombiniertes System $1 + 2$, so ist dessen statistischer Operator gegeben durch

$$\rho_{1+2} = \rho_1\rho_2 = \rho_2\rho_1;\qquad\qquad(7.91)$$

dazu beachte man, daß die Mikrozustände des kombinierten Systems direkte Produkte der Mikrozustände der einzelnen Systeme sind. Setzt man ρ_1, ρ_2 als normiert voraus, so folgt:

$$S_{1+2} = -k_B Sp(\rho_1\rho_2\{\ln\ \rho_1 + \ln\ \rho_2\}) = S_1 + S_2\qquad\qquad(7.92)$$

wie oben behauptet.

Anmerkungen In der Thermodynamik unterscheidet man **extensive** Größen (wie Volumen V, innere Energie U, Entropie S) von **intensiven** Größen (wie Temperatur T, Druck P, Dichte $\mathcal{N}/V$). Intensive Größen ändern sich nicht, wenn man ein homogenes System in kleinere (aber immer noch große) Systeme unterteilt, extensive Größen nehmen ab im Verhältnis der Teilchenzahlen.

Beispiel Ein homogenes System mit Teilchenzahl N, innerer Energie U und Druck P werde halbiert: $N_1 = N_2 = 1/2N$; dann ist $P_1 = P_2 = P$, aber $U_1 = U_2 = 1/2\,U$.

Der **3. Hauptsatz** macht eine weitere Aussage über die Entropie S :

Für jedes reine System, welches nur 1 Sorte Teilchen enthält, gilt

$$S(T = 0, ...) = 0 \tag{7.93}$$

unabhängig von den Werten anderer Größen (z. B. Druck oder äußeres Magnetfeld), von denen S noch abhängt.

Für Systeme mit mehreren Teilchensorten bleibt für $T \to 0$ eine von null verschiedene **Mischungsentropie.**

Die obige Aussage läßt sich wie folgt aus der statistischen Mechanik ableiten: Der Hamiltonoperator besitzt ein diskretes und nach unten begrenztes Spektrum,

$$E_0 < E_1 < E_2 < \cdots . \tag{7.94}$$

Wenn T genügend klein ist, d. h.

$$E_1 - E_0 \gg k_B T, \tag{7.95}$$

so folgt aus (5.27)

$$p_i = \frac{1}{g_0} \tag{7.96}$$

für die zu E_0 gehörenden Zustände,

$$p_i = 0 \qquad \text{sonst,}$$

wobei g_0 der Entartungsgrad des Grundzustandes ist. Also wird

$$\lim_{T \to 0} S = k_B \ln g_0, \tag{7.97}$$

so daß für Systeme mit nicht-entartetem Grundzustand, $g_0 = 1$, gerade

$$\lim_{T \to 0} S = 0 \tag{7.98}$$

wird. Konkrete Beispiele sind freie Fermionen und freie Bosonen, wofür (7.98) direkt bewiesen werden kann (vgl. Kap. 9 und 10). Dagegen ist für ein klassisches ideales Gas Gl. (7.98) nicht erfüllt – die klassische Theorie ist bei niedrigen Temperaturen nicht mehr anwendbar (vgl. Abschn. 6.4) – .

Der 3. Hauptsatz ist in der oben gegebenen Formulierung experimentell nicht überprüfbar, da nur Entropie-Differenzen meßbar sind. Er besitzt aber eine Reihe direkt überprüfbarer Konsequenzen, von denen einige im Folgenden aufgeführt werden.

7.8　Spezifische Wärme

Wärmezufuhr ΔQ erhöht die Temperatur eines Systems entsprechend seiner Wärmekapazität. Letztere hängt sowohl von der Natur des Systems als auch der Art der Erwärmung ab. Bei fester Teilchenzahl und ohne äußere Felder müssen wir unterscheiden: Erwärmung bei konstantem Volumen mit der **Wärmakapazität**

$$C_V =: \left(\frac{\partial U}{\partial T}\right)_V \tag{7.99}$$

und Erwärmung bei konstantem Druck, wo man als Wärmekapazität C_P definiert

$$C_P =: \left(\frac{\partial [U + PV]}{\partial T}\right)_P = \left(\frac{\partial \epsilon}{\partial T}\right)_P ; \tag{7.100}$$

die Größe $\epsilon = U + PV$ heißt **Enthalpie.**

Die Def. (7.99) wird sofort plausibel, wenn man das totale Differential von U schreibt als

$$dU = \delta Q - PdV + \mu dN \tag{7.101}$$

und auf den Fall konstanter Teilchenzahl ($dN = 0$) und konstantem Volumen ($dV = 0$) spezialisiert. Um (7.100) zu begründen, betrachtet man das totale Differential von $U + PV$,

$$d[U + PV] = \delta Q + VdP + \mu dN, \tag{7.102}$$

und spezialisiert auf konstanten Druck ($dP = 0$) und konstante Teilchenzahl ($dN = 0$).

Wir wollen nun zeigen, daß die **spezifische Wärme** (=Wärmekapazität pro Masseneinheit) in beiden Fällen als Folge des 3. Hauptsatzes bei $T = 0$ verschwinden muß. Wir führen den Beweis für C_V durch, für C_P verläuft er analog. Für $dV = dN = 0$ läßt sich (7.101) mit (7.89) schreiben als

$$dS = \left(\frac{\partial U}{\partial T} \right)_V \frac{dT}{T} = \frac{C_V}{T} \, dT \qquad (7.103)$$

oder in Integralform

$$S(T) = \int_0^T \frac{C_V}{T'} \, dT', \qquad (7.104)$$

da $S(T = 0) = 0$. Damit $S(T)$ endlich bleibt, muß C_V für $T' = 0$ verschwinden, um die von $1/T'$ herrührende Singularität zu beseitigen.

Damit können wir sofort beweisen, daß das Modell des klassischen idealen Gases am absoluten Nullpunkt falsch ist. Wir hatten in Kap. 6.4 für den Mittelwert der inneren Energie gefunden:

$$U = \frac{3}{2} \mathcal{N} k_B T, \qquad (7.105)$$

so daß folgt:

$$C_V = \frac{3}{2} \, k_B \mathcal{N} \neq 0 \qquad (7.106)$$

unabhängig von T, im Widerspruch zum 3. Hauptsatz. In Teil III werden wir zeigen, daß das ideale Fermi-Gas und das ideale Bose-Gas mit dem 3. Hauptsatz in Einklang sind.

7.9 Thermischer Ausdehnungskoeffizient

Aus Fall III der Tab. (7.65) folgt die Maxwell-Relation aus der freien Enthalpie G (für $dN = 0$)

$$\frac{\partial^2 G}{\partial T \partial P} = \frac{\partial^2 G}{\partial P \partial T} \;\rightarrow\; \left(\frac{\partial S}{\partial P} \right)_T = - \left(\frac{\partial V}{\partial T} \right)_P. \qquad (7.107)$$

Da nun $S(T, P) \rightarrow 0$ für $T \rightarrow 0$ für **alle** Werte von P (oder sonstiger anderer Parameter, von denen S abhängen kann), folgt

$$\lim_{T \to 0} \left(\frac{\partial V}{\partial T} \right)_P = 0, \qquad (7.108)$$

d. h. der thermische Ausdehnungskoeffizient bei konstantem Druck verschwindet am absoluten Nullpunkt. Damit läßt sich am Beispiel einer adiabatischen Druckänderung die **Unerreichbarkeit des absoluten Nullpunkts** demonstrieren.

Zum Beweis zeigen wir zunächst, daß für eine adiabatische ($dS = 0$) Druckänderung gilt

$$dT = \left(\frac{\partial V}{\partial T}\right)_P \frac{T}{C_P} dP.$$
(7.109)

Beweis Wir rechnen das totale Differential

$$dS = \frac{1}{T} dU + \frac{P}{T} dV$$
(7.110)

von den Variablen U, V auf T, P um:

$$dS = \frac{1}{T}\left[\left(\frac{\partial U}{\partial T}\right)_P + P\left(\frac{\partial V}{\partial T}\right)_P\right]dT + \frac{1}{T}\left[\left(\frac{\partial U}{\partial P}\right)_T + P\left(\frac{\partial V}{\partial P}\right)_T\right]dP.$$
(7.111)

Wir ersetzen in der ersten [..]:

$$\left(\frac{\partial U}{\partial T}\right)_P + P\left(\frac{\partial V}{\partial T}\right)_P = \left(\frac{\partial U + PV}{\partial T}\right)_P = C_P$$
(7.112)

und bringen die zweite [..] mit Hilfe der Integrabilitätsbedingung $\partial^2 S/\partial T \partial P = \partial^2 S/\partial P \partial T$, d. h.

$$\frac{1}{T}\frac{\partial}{\partial P}\left[\left(\frac{\partial U}{\partial T}\right)_P + P\left(\frac{\partial V}{\partial T}\right)_P\right]_T = \frac{\partial}{\partial T}\left(\frac{1}{T}\left[\left(\frac{\partial U}{\partial P}\right)_T + P\left(\frac{\partial V}{\partial P}\right)_T\right]\right)_P,$$
(7.113)

auf die gewünschte Form:

$$\frac{1}{T}\left(\frac{\partial V}{\partial T}\right)_P = -\frac{1}{T^2}\left[\left(\frac{\partial U}{\partial P}\right)_T + P\left(\frac{\partial V}{\partial P}\right)_T\right];$$
(7.114)

alle restlichen Terme in (7.113) heben sich fort. Da für einen adiabatischen Prozeß $dS = 0$, folgt aus (7.111) mit (7.112) und (7.113):

$$\frac{C_P}{T} dT = \left(\frac{\partial V}{\partial T}\right)_P dP, \qquad q.e.d.$$
(7.115)

In einem zweiten Schritt beweisen wir, daß der Quotient $(\partial V/\partial T)_P/C_P$ für $T \to 0$ endlich bleibt. Daraus folgt dann in (7.109), daß die gleiche Druckänderung mit abnehmender Temperatur eine immer kleinere Temperatur-Änderung bewirkt. Da wir wissen, daß $C_P \to 0$ für $T \to 0$, können wir für kleine Temperaturen schreiben

$$C_P = T^{\nu}(a + bT + ...)$$
(7.116)

wobei $\nu > 0$ und a, b Funktionen von P sind. $(\partial V/\partial T)_P$ können wir wie folgt mit C_P verknüpfen:

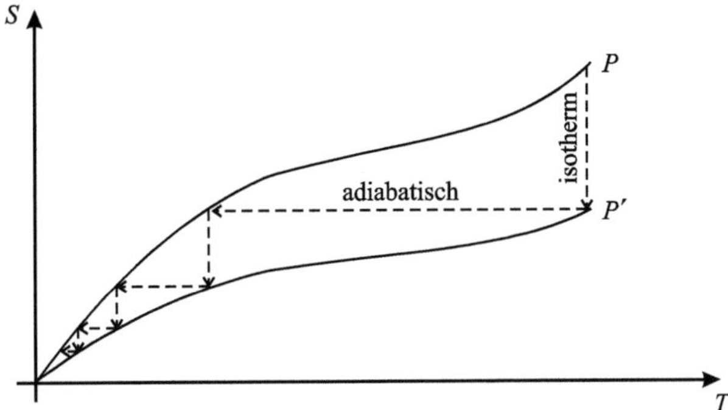

Abb. 7.5 Illustration einer Sequenz von isothermischen und adiabatischen Änderungen im Druck zur Reduktion der Temperatur

$$\left(\frac{\partial V}{\partial T}\right)_P = -\left(\frac{\partial S}{\partial P}\right)_T = -\frac{\partial}{\partial P}\int_0^T \frac{C_P}{T'}\,dT' = -\int_0^T \frac{\partial C_P}{\partial P}\frac{1}{T'}\,dT', \tag{7.117}$$

wenn wir (7.114) in (7.111) einsetzen. Mit

$$\frac{\partial C_P}{\partial P} = T^\nu(a' + b'T + \ldots) \tag{7.118}$$

wird nach Ausführung des Integrals in (7.117):

$$\left(\frac{\partial V}{\partial T}\right)_P = -T^\nu\left(\frac{a'}{\nu} + \frac{b'T}{\nu+1} + \ldots\right), \tag{7.119}$$

also

$$\left(\frac{\partial V}{\partial P}\right)_P / C_P = -\frac{a'}{\nu a} : \text{ endlich.} \tag{7.120}$$

Das Ergebnis veranschaulicht die (schematische) Darstellung von $S = S(T, P)$ in der Abb. 7.5 für $S(T)$.

Durch eine Folge isothermer und adiabatischer Druckänderungen kann man die Temperatur erniedrigen; da aber nach dem 3. Hauptsatz $S(T, P) = S(T, P') = 0$ für $T = 0$ ist, erreicht man den absoluten Nullpunkt nicht mit endlich vielen Schritten bei endlicher Druckdifferenz. Analogie: **Magnetische Kühlung** (vgl. Teil III).

7.10 Das klassische ideale Gas

erlaubt in einfacher Weise die konkrete Auswertung der vorangegangenen Überlegungen. Zunächst wollen wir uns die ideale Gas-Gleichung verschaffen. Nach der Tab. (7.65)) können wir den Druck P (im Falle der großkanonischen Gesamtheit) berechnen als

$$P = -\left(\frac{\partial J}{\partial V}\right)_{T,\mu} \qquad (7.121)$$

mit

$$J = U - TS - \mu N = J(T, V, \mu). \qquad (7.122)$$

Dies ist dann gerade das zur **großkanonischen** Gesamtheit passende thermodynamische Potential, also (mit $S = k_B(\ln Z_g + \beta U + \alpha N)$ oder $TS = Tk_B \ln Z_g + U - \mu N)$):

$$Tk_B \ln Z_g = \frac{1}{\beta} \ln Z_g = TS - U + \mu N = -J \qquad (7.123)$$

nach Gl. (5.38). Den Druck P können wir folglich berechnen über

$$P = \frac{1}{\beta} \left(\frac{\partial \ln Z_g}{\partial V}\right)_{T,\mu}. \qquad (7.124)$$

Die Größe $\ln Z_g$ können wir aber aus (6.16) bzw. (6.17) im klassischen Grenzfall berechnen; mit $\ln(1 \pm x) \approx \pm x \cdots$ für $|x| \ll 1$ erhalten wir sofort (mit dem (+)-Zeichen für Fermionen und dem (-)-Zeichen für Bosonen):

$$\ln Z_g = \pm \sum_i \ln\{1 \pm \exp(-\beta\epsilon_i - \alpha)\} \approx \sum_i \exp(-\beta\epsilon_i - \alpha) \qquad (7.125)$$

$$= \exp(-\alpha) \sum_i \exp(-\beta\epsilon_i) = \exp(-\alpha)\frac{V}{\lambda^3}(2s + 1) = \mathcal{N}.$$

Also wird

$$P = -\left(\frac{\partial J}{\partial V}\right)_{T,\mu} = \frac{1}{\beta} \left(\frac{\partial \ln Z_g}{\partial V}\right)_{T,\mu} = \frac{1}{\beta} \exp(-\alpha)\frac{2s + 1}{\lambda^3} = \frac{1}{\beta}\frac{\mathcal{N}}{V} = \frac{\mathcal{N}}{V} k_B T \qquad (7.126)$$

oder schließlich,

$$PV = \mathcal{N}k_B T. \qquad (7.127)$$

Aus der inneren Energie $U = 3/2\mathcal{N}k_B T$ (6.31) folgt sofort:

$$C_V = \frac{3}{2}\mathcal{N}k_B,\qquad (7.128)$$

im offensichtlichem Widerspruch zum 3. Hauptsatz: => die **klassische Näherung ist bei tiefen Temperaturen unbrauchbar!** C_P folgt aus (7.100) mit (6.31) und (7.127):

$$C_P = \frac{\partial(U+PV)}{\partial T} = C_V + \mathcal{N}k_B = \frac{5}{2}\mathcal{N}k_B. \qquad (7.129)$$

Für das Verhältnis folgt:

$$\kappa := \frac{C_P}{C_V} = \frac{5}{3}. \qquad (7.130)$$

7.11 Besondere Zustandsveränderungen

Die folgenden Definitionen gelten allgemein und werden am Beispiel des idealen Gases (7.127) bei fester Teilchenzahl N ($dN = 0$) illustriert, um explizite Resultate für die **geleistete Arbeit** W_{12} und die **aufgenommene Wärmemenge** Q_{12} anzugeben.

Isochore: Bei isochoren Zustandsveränderungen ist das **Volumen** konstant ($dV = 0$), d.h. am Beispiel des idealen Gases nach der Zustandsgleichung (7.127)

$$\frac{P_1}{P_2} = \frac{T_1}{T_2}; \qquad Q_{12} = U_2 - U_1 = C_V(T_2 - T_1). \qquad (7.131)$$

Isobare: Bei isobaren Zustandsveränderungen ist der **Druck** konstant ($dP = 0$), d.h. (am Beispiel des idealen Gases) erhalten wir für die aufgenommene Wärmemenge Q_{12} und die am System geleistete Arbeit W_{12}

$$\frac{V_1}{V_2} = \frac{T_1}{T_2}; \qquad W_{12} = \int_1^2 PdV = P(V_2 - V_1) = Nk_B(T_2 - T_1),$$

$$\qquad (7.132)$$

$$Q_{12} = \int_1^2 C_P\, dT = C_P\,(T_2 - T_1).$$

Isotherme: Bei isothermen Zustandsveränderungen ist die **Temperatur** (und damit U, $dU = 0$) konstant, d.h. (am Beispiel des idealen Gases) erhalten wir für die aufgenommene Wärmemenge Q_{12} und die am System geleistete Arbeit W_{12}

$$U_1 = U_2; \qquad \frac{P_1}{P_2} = \frac{V_2}{V_1}; \qquad PV = \text{const,} \qquad (7.133)$$

$$\delta W = -PdV = -Nk_BT\frac{dV}{V}$$

$$W_{12} = -\int_1^2 Nk_BT\frac{dV}{V} = -Nk_BT\ln\left(\frac{V_2}{V_1}\right) = -Nk_BT\ln\left(\frac{P_1}{P_2}\right),$$

$$\Delta U = 0 \;\rightarrow\; Q_{12} = -W_{12}.$$

Adiabate: In diesem Fall ist die Entropie konstant ($dS = 0$) und damit die aufgenommene Wärme $\delta Q = 0$;

$$dS = 0 \qquad\qquad \rightarrow \delta Q = 0. \qquad (7.134)$$

Im Falle des idealen Gases folgt aus $\ln Z_g = \text{const}$ und $\lambda^2 \sim 1/T$ (6.30) dann

$$\frac{V}{\lambda^3} = \text{const.} \qquad \rightarrow VT^{3/2} = \text{const.} \qquad \rightarrow TV^{2/3} = TV^{\kappa-1} = \frac{T}{V}V^\kappa = \text{const.}$$
$$(7.135)$$

mit $\kappa = 5/3 = C_P/C_V$. Da für das ideale Gas gilt $T/V \sim P$, folgt

$$PV^\kappa = \text{const.} \qquad\qquad (7.136)$$

Für das ideale Gas gilt weiterhin: $T/(PV) = \text{const} \rightarrow (T/(PV))^\kappa = \text{const}$ oder $V^\kappa \sim T^\kappa P^{-\kappa}$ und es folgt mit (7.136)

$$T^\kappa P^{-(\kappa-1)} = \text{const.} \qquad\qquad \rightarrow \left(\frac{T}{P^{(\kappa-1)/\kappa}}\right) = \text{const.} \qquad (7.137)$$

Zusammen erhalten wir damit

$$\frac{P_1}{P_2} = \left(\frac{V_2}{V_1}\right)^\kappa; \qquad\qquad \frac{T_1}{T_2} = \left(\frac{V_2}{V_1}\right)^{(\kappa-1)} = \left(\frac{P_1}{P_2}\right)^{(\kappa-1)/\kappa}. \qquad (7.138)$$

Wegen $\delta W = dU$ (da $\delta Q = 0$) gilt weiter für die am System geleistete Arbeit

$$W_{12} = U_2 - U_1 = C_V(T_2 - T_1). \tag{7.139}$$

7.12 Der Carnot'sche Kreisprozeß

Eine periodische Maschine, die Wärmeenergie in mechanische Energie umwandeln kann, muß mindestens zwei Wärmebäder enthalten. Dabei gibt das eine Wärmebad Wärmeenergie an das System ab (Aufheizphase), während das zweite Wärme vom System aufnimmt (Abkühlphase, z. B. ein Kühlturm). Wir wollen nun als einen einfach zu behandelnden Prozeß den sogenannten **Carnot'schen Kreisprozeß** behandeln. Er besteht aus zwei Isothermen ($dT = 0$) und zwei Adiabaten ($dS = 0$, $\delta Q = 0$) (siehe Abb. 7.6).

Wärme wird hier nur beim Kontakt mit den beiden Wärmebädern (der Temperaturen T_1, T_2) aufgenommen bzw. abgegeben. Aus

$$\oint dS = 0 \tag{7.140}$$

wird

$$\frac{Q_1}{T_1} + \frac{Q_2}{T_2} = 0; \qquad \rightarrow Q_2 = -\frac{T_2}{T_1} Q_1. \tag{7.141}$$

Wegen

$$\oint dU = 0 = \oint (\delta Q + \delta W) = Q_1 + Q_2 + W \tag{7.142}$$

ist die vom System aufgenommene Arbeit

$$W = -(Q_1 + Q_2) = -Q_1 \left(1 - \frac{T_2}{T_1}\right). \tag{7.143}$$

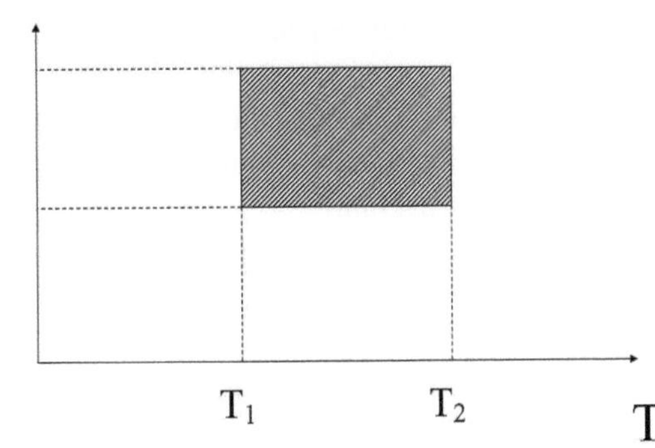

Abb. 7.6 Illustration eines Carnot'schen Kreisprozesses mit zwei Isothermen und zwei Adiabaten

Nehmen wir nun $Q_1 \rangle 0$, $Q_2 \langle 0$ an. Der **Wirkungsgrad** η ist als das Verhältnis von abgegebener Arbeit $(-W)$ zu der aufgenommenen Wärmemenge (Q_1) definiert. Wir erhalten

$$\eta = -\frac{W}{Q_1} = 1 - \frac{T_2}{T_1} < 1, \tag{7.144}$$

was beinhaltet, daß der Wirkungsgrad $\eta < 1$ ist. Für $T_1 > T_2$ wird η positiv, d. h. die Maschine wandelt aufgenommene Wärme (zum Teil) in Arbeit um. Der Wirkungsgrad wird umso besser, je größer der Temperaturunterschied ist.

Für $T_1 < T_2$ wird η negativ, die Maschine leistet also nicht Arbeit, sondern verwandelt mechanische Arbeit in Wärme. Dabei wird dem Wärmebad mit der höheren Temperatur T_2 Wärme zugeführt und das Wärmebad 1 wird abgekühlt. Man kann eine solche Maschine (Wärmepumpe) zum Heizen eines Hauses verwenden. Das ist deswegen technisch interessant, weil wir weniger mechanische Energie in die Heizung hineinstecken müssen, als an Heizwärme $-Q_2$ zur Heizung des Hauses herauskommt. Eine elektrisch betriebene Wärmepumpe ist also billiger als eine direkte elektrische Heizung.

Der zweite Hauptsatz der Thermodynamik liefert alle diese Aussagen, ohne daß wir auf ein spezielles System (Gas, Kristall usw.) Bezug nehmen müssen. Die Carnot'sche Maschine ist daher universell. Der Wirkungsgrad

$$\eta = 1 - \frac{T_2}{T_1} \tag{7.145}$$

ist sogar der Wirkungsgrad aller reversiblen Maschinen mit zwei Wärmebädern.

7.13 Der Ottomotor

Wir betrachten nun einen Kreisprozeß, der die Verhältnisse beim Ottomotor simuliert, und aus vier Teilprozessen besteht (siehe Abb. 7.7):

$1 \to 2$: Adiabatische Kompression $(dS = 0)$ zum Volumen V_2

$2 \to 3$: Bei konstantem Volumen V_2 wird die Wärmemenge Q_{23} (durch Explosion des Gasgemisches) zugeführt

$3 \to 4$: Adiabatische Expansion zum Volumen V_1 bei $dS = 0$)

$4 \to 1$: Bei konstantem Volumen V_1 wird die Wärmemenge $-Q_{41}$ (durch den Auspuff) abgeführt

Zur Berechnung des Wirkungsgrades bestimmen wir zunächst die Entropie-Änderung der beiden isochoren Prozesse ($V =$ const):

Abb. 7.7 Illustration eines Kreisprozesses zur Simulation eines Ottomotors mit 2 isochoren und 2 adiabatischen Prozessen

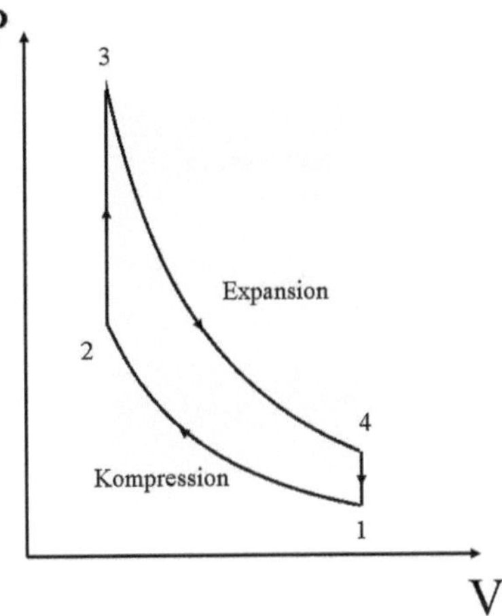

$$\Delta S_{23} = \int_2^3 dS = \int_2^3 \frac{\delta Q}{T} = C_V \int_2^3 \frac{dT}{T} = C_V \ln\left(\frac{T_3}{T_2}\right) = C_V \ln \frac{U_3}{U_2} = C_V \ln \frac{U_2 + Q_{23}}{U_2},$$
$$(7.146)$$

$$\Delta S_{14} = C_V \ln \frac{U_1 + Q_{14}}{U_1}.$$

Wegen

$$\Delta S_{23} = \Delta S_{14} \;\rightarrow\; \ln\left(\frac{U_2 + Q_{23}}{U_2}\right) = \ln\left(\frac{U_1 + Q_{14}}{U_1}\right); \qquad (7.147)$$

es folgt weiterhin

$$U_2(U_1 + Q_{14}) = U_1(U_2 + Q_{23}) \;\rightarrow\; U_2 Q_{14} = U_1 Q_{23} \;\rightarrow\; T_2 Q_{14} = T_1 Q_{23}. \quad (7.148)$$

Daraus ergibt sich der Wirkungsgrad für den Kreisprozeß (unter Verwendung der Adiabaten-Relationen für ein ideales klassisches Gas)

$$\eta = \frac{W_{1234}}{Q_{23}} = \frac{Q_{23} - Q_{14}}{Q_{23}} = 1 - \frac{T_1}{T_2} = 1 - \left(\frac{P_1}{P_2}\right)^{(\kappa-1)/\kappa} = 1 - \left(\frac{V_2}{V_1}\right)^{(\kappa-1)}.$$
$$(7.149)$$

Der Wirkungsgrad η steigt folglich mit höherer Verdichtung.

In Zusammenfassung dieses Kapitels haben wir den Zusammenhang der Lagrange-Parameter mit der Temperatur, dem chemischen Potenzial und dem Druck hergestellt. Außerdem wurden thermodynamische Potentiale für die verschiedenen Gesamtheiten (Ensembles) eingeführt, die Funktionen der natürlichen Variablen sowie deren totale Differenziale sind. Letztere führten zu verschiedenen Maxwell-Beziehungen zwischen thermodynamischen Größen. Wir haben die Hauptsätze der Thermodynamik formuliert (und bewiesen) und insbesondere die spezifische Wärme sowie den thermischen Ausdehnungskoeffizienten diskutiert. Es wurde gezeigt, dass das klassische ideale Gas insbesondere gegen den 3. Hauptsatz der Thermodynamik verstößt. Schließlich haben wir verschiedene Zustandsänderungen diskutiert und den Wirkungsgrad für den Carnot-Kreisprozess und den Ottomotor berechnet.

Kleine Abweichungen vom Gleichgewicht   8

Inhaltsverzeichnis

In diesem Kapitel möchten wir den Zusammenhang zwischen spontanen Fluktuationen physikalischer Größen um ihre Mittelwerte im statistischen Gleichgewicht und erzwungenen Abweichungen von den Mittelwerten aufgrund von Störungen des Gleichgewichts durch äußere Einflüsse untersuchen. Es wird sich zeigen, daß diese beiden Phänomene bei schwachen äußeren Störungen eng miteinander verbunden sind und ihren Ausdruck im Fluktuations-Dissipations-Theorem finden. Zu diesem Zweck werden wir die thermodynamische Störungstheorie einführen und für verschiedene Beispiele Response-Funktionen berechnen.

8.1   Fluktuationen

In Kap. 3 hatten wir die fundamentale Annahme gemacht, daß makroskopische Daten eines physikalischen Systems in Form von Mittelwerten über die das System repräsentierende statistische Gesamtheit berechnet werden können. Als Maß für die Güte dieser Näherung kann man die **relative quadratische Schwankung**

$$\frac{\Delta A}{\langle A \rangle} \tag{8.1}$$

© Der/die Autor(en), exklusiv lizenziert an Springer Nature Switzerland AG 2025

W. Cassing, *Theoretische Physik kompakt IV*,

https://doi.org/10.1007/978-3-031-96450-3_8

mit

$$(\Delta A)^2 = \langle A^2 \rangle - \langle A \rangle^2 \tag{8.2}$$

betrachten. Schwankungen höherer Ordnung werden nur in seltenen Fällen benötigt. Als zwei wichtige konkrete Fälle betrachten wir **Energie- und Konzentrationsschwankungen.**

Für die innere Energie U einer kanonischen Gesamtheit hatten wir gefunden

$$U = \frac{Sp(H \, \exp(-\beta H))}{Sp(\exp(-\beta H))}. \tag{8.3}$$

Die gesuchte mittlere quadratische Schwankung erhalten wir durch Differenziation von (8.3) nach β :

$$\frac{\partial U}{\partial \beta} = -\frac{Sp(H^2 \exp(-\beta H))}{Sp(\exp(-\beta H))} + \frac{[Sp(H \, \exp(-\beta H))]^2}{[Sp(\exp(-\beta H))]^2} = -\langle H^2 \rangle + \langle H \rangle^2 = -(\Delta H)^2 \tag{8.4}$$

also (mit $\partial T / \partial \beta = -k_B T^2$ und V=const)

$$(\Delta H)^2 = -\frac{\partial U}{\partial \beta} = -\frac{\partial U}{\partial T} \frac{\partial T}{\partial \beta} = k_B T^2 \frac{\partial U}{\partial T} = k_B T^2 \, C_V. \tag{8.5}$$

Daraus wird mit (7.99)

$$\left(\frac{\Delta H}{\langle H \rangle} \right)^2 = \frac{k_B T^2 C_V}{U^2}. \tag{8.6}$$

Nun wachsen U und C_V als extensive Größen – im Gegensatz zu T – linear mit der Teilchenzahl N; die relative Schwankung hängt also gemäß

$$\frac{\Delta H}{\langle H \rangle} \sim \frac{1}{\sqrt{N}} \tag{8.7}$$

von der Teilchenzahl ab, so daß bei großen Systemen die Energieschwankungen gegenüber der Gesamtenergie vernachlässigbar sind, wenn man sich nicht in unmittelbarer Nähe eines Phasenüberganges befindet, wo C_V singulär werden kann.

Beweis Für das ideale klassische Gas hatten wir gefunden

$$\langle H \rangle = U = \frac{3}{2} N k_B T, \tag{8.8}$$

so daß

$$\frac{\Delta H}{\langle H \rangle} = \left(\frac{k_B T^2 C_V}{(3/2 N k_B T)^2} \right)^{1/2} = \left(\frac{k_B^2 T^2 3/2 N}{(3/2 N k_B T)^2} \right)^{1/2} = \sqrt{\frac{2}{3}} \frac{1}{\sqrt{N}}. \tag{8.9}$$

Analog berechnet sich die mittlere quadratische Schwankung der Teilchenzahl in der groß-kanonischen Gesamtheit aus

$$\langle \hat{N} \rangle = \frac{Sp(\hat{N} \exp(-\alpha \hat{N} - \beta H))}{Sp(\exp(-\alpha \hat{N} - \beta H))}; \tag{8.10}$$

es wird entsprechend (8.5):

$$(\Delta \hat{N})^2 = -\frac{\partial \langle \hat{N} \rangle}{\partial \alpha}. \tag{8.11}$$

Analog (8.6) läßt sich $\Delta \hat{N}$ mit Hilfe der **isothermen Kompressibilität**

$$\kappa_T := -\frac{1}{V} \left(\frac{\partial V}{\partial P} \right)_T \tag{8.12}$$

ausdrücken. Es ist (Beweis siehe unten)

$$\left(\frac{\partial N}{\partial \mu} \right)_T = \frac{N^2}{V} \kappa_T \tag{8.13}$$

oder mit $\alpha = -\beta \mu$ $(\partial/\partial \alpha = -1/\beta \; \partial/\partial \mu)$

$$\frac{(\Delta \hat{N})^2}{N^2} = \frac{k_B T}{N^2} \left(\frac{\partial N}{\partial \mu} \right) = \frac{k_B T \, \kappa_T}{V}. \tag{8.14}$$

Da V eine extensive Größe ist, T und κ_T jedoch intensive Größen, bleibt $(\mathcal{N} =: \langle \hat{N} \rangle)$

$$\frac{\Delta \hat{N}}{\langle \hat{N} \rangle} \sim \frac{1}{\sqrt{\mathcal{N}}}. \tag{8.15}$$

Ergänzung: (Beweis von Gl. (8.13))

Für homogene Systeme gilt für extensive Größen wie z. B. die mittlere Energie $U = U(S, V, N)$:

$$\nu U = U(\nu S, \nu V, \nu N), \tag{8.16}$$

da auch S, V, N extensiv sind. Ist speziell $\nu = 1 + \epsilon$, $|\epsilon| \ll 1$, so folgt durch Taylor-Entwicklung in (8.16):

$$(1 + \epsilon)U = U + \epsilon \left(S \left[\frac{\partial U}{\partial S} \right]_{V,N} + V \left[\frac{\partial U}{\partial V} \right]_{S,N} + N \left[\frac{\partial U}{\partial N} \right]_{S,V} \right). \tag{8.17}$$

Vergleich der Faktoren von ϵ ergibt

$$U = TS - PV + \mu N, \tag{8.18}$$

wenn man Fall V aus der Tabelle (7.65) beachtet. Vegleicht man das totale Differential von U gemäß (8.18) mit dem Ergebnis von Tabelle (7.65), so bleibt die **Gibbs-Duhem-Relation:**

$$SdT - \mathcal{V}dP + \mathcal{N}d\mu = 0. \tag{8.19}$$

Da in (8.19) T, P, μ die natürlichen Variablen sind, haben wir Volumen und Teilchenzahl als Mittelwerte $\mathcal{V}, \mathcal{N}$ geschrieben. Für **isotherme** ($dT = 0$), quasi-statische Prozesse folgt:

$$\mathcal{V}dP = \mathcal{N}d\mu \tag{8.20}$$

oder

$$\mathcal{V} \left(\frac{\partial \mathcal{P}}{\partial \mathcal{N}} \right)_T = \mathcal{N} \left(\frac{\partial \mu}{\partial \mathcal{N}} \right)_T. \tag{8.21}$$

Da P in homogenen Systemen außer von T nur noch von der Dichte $\mathcal{N}/\mathcal{V}$ abhängt, ist aber

$$\mathcal{V} \left(\frac{\partial \mathcal{P}}{\partial \mathcal{V}} \right)_T = -\mathcal{N} \left(\frac{\partial \mathcal{P}}{\partial \mathcal{N}} \right)_T, \tag{8.22}$$

$$\kappa_T =: -\frac{1}{\mathcal{V}} \left(\frac{\partial \mathcal{V}}{\partial P} \right)_T = \frac{\mathcal{V}}{\mathcal{N}^2} \left(\frac{\partial \mathcal{N}}{\partial \mu} \right)_T. \tag{8.23}$$

Als Beispiel für Formel (8.14) betrachten wir ein ideales klassisches Gas mit $\mathcal{V} = \mathcal{N}k_B T/P$. Dann wird:

$$\kappa_T = -\frac{1}{\mathcal{V}} \left(\frac{\partial \mathcal{V}}{\partial P} \right)_T = \frac{\mathcal{N}k_B T}{P^2 \mathcal{V}} = \frac{1}{P}, \tag{8.24}$$

so daß

$$\frac{(\Delta \hat{N})^2}{\mathcal{N}^2} = \frac{k_B T}{P\mathcal{V}} = \frac{k_B T}{\mathcal{N}k_B T} = \frac{1}{\mathcal{N}}. \tag{8.25}$$

Ergebnis: Für makroskopische Systeme sind die Fluktuationen von Energie und Teilchenzahl vernachlässigbar gegenüber der Energie und Teilchenzahl des Systems.

Daher ist es für makroskopische Systeme praktisch bedeutungslos, ob man ein System durch die mikrokanonische, die kanonische oder die großkanonische Gesamtheit beschreibt, solange man sich nur für Aussagen über das System im Gleichgewicht interessiert. Die Wahl der das System beschreibenden Gesamtheit kann dann unter dem Gesichtspunkt der einfacheren Rechentechnik erfolgen. Wichtig dagegen sind die Fluktuationen, wenn man kleine Abweichungen vom Gleichgewicht durch äußere Eingriffe betrachtet. Beispiele dafür sind die Gl. (8.6) und (8.14), in denen die spezifische Wärme bzw. die isotherme Kompressibilität mit den Fluktuationen von Energie und Teilchenzahl verknüpft sind. **Spezifische Wärme und Kompressibilität charakterisieren aber die Reaktion des Systems auf äußeren Eingriff in Form von Wärmezufuhr bzw. Druck.**

Wir wollen nun den Zusammenhang von Fluktuationen und der Reaktion des Systems auf (schwache) äußere Eingriffe allgemein untersuchen.

8.2   Thermodynamische Störungstheorie

Wir betrachten zunächst den Fall einer zeitunabhängigen Störung. Dabei zerlegen wir den gesamten Hamiltonoperator

$$H = H_0 + W, \tag{8.26}$$

wo H_0 exakt behandelt werden kann und W eine kleine zeitunabhängige Störung ist ($W \neq W(t)$). Wir beschreiben das System als kanonische Gesamtheit. Dann ist es zweckmäßig, von dem Operator $\exp(-\beta H)$ den Faktor $\exp(-\beta H_0)$ abzuspalten, der ja nach Voraussetzung exakt behandelt werden kann. Also:

$$\exp\{-\beta[H_0 + W]\} = \exp\{-\beta H_0\} \cdot \sigma(\beta). \tag{8.27}$$

Zur Bestimmung von $\sigma(\beta)$ differenziert man (8.27) nach β und erhält:

$$\frac{\partial}{\partial \beta} \exp\{-\beta[H_0 + W]\} = \frac{\partial}{\partial \beta} \exp\{-\beta H_0\} \cdot \sigma(\beta)$$

$$= -[H_0 + W] \exp\{-\beta[H_0 + W]\} = -H_0 \exp\{-\beta H_0\}\sigma(\beta) + \exp\{-\beta H_0\}\frac{\partial \sigma}{\partial \beta}. \tag{8.28}$$

Nach Einsetzen von (8.27) in (8.28) ($-W \exp(-\beta H_0)\sigma(\beta) = \exp(-\beta H_0)\partial\sigma/\partial\beta$) und Multiplikation mit $\exp(\beta H_0)$ entsteht die sogenannte **Bloch-Gleichung**

$$\frac{\partial \sigma}{\partial \beta} = -\exp\{\beta H_0\}\, W\, \exp\{-\beta H_0\}\sigma(\beta) = -W(\beta)\sigma(\beta) \tag{8.29}$$

mit der Abkürzung

$$W(\beta) = \exp\{\beta H_0\}\, W\, \exp\{-\beta H_0\}. \tag{8.30}$$

Die Bloch-Gleichung ist formal analog zum Dirac-Bild der Quantentheorie aufgebaut. Folglich kann man die **Dirac'sche Störungstheorie** formal übertragen: Man überführt (8.29) mit der aus (8.27) folgenden Randbedingung

$$\sigma(\beta = 0) = 1 \tag{8.31}$$

in eine Integral-Gleichung

$$\sigma(\beta) = 1 - \int_0^\beta W(\beta')\sigma(\beta')\, d\beta', \tag{8.32}$$

die man iterativ löst:

$$\sigma(\beta) = 1 - \int_0^\beta W(\beta')d\beta' + \int_0^\beta W(\beta') \int_0^{\beta'} W(\beta'')\, d\beta'' d\beta' - \ldots \tag{8.33}$$

Zur Berechnung der kanonischen Zustandssumme Z_k benutzen wir die Basis der Eigenzustände $|\Phi_i\rangle$ von H_0 mit den Energien ϵ_i,

$$\begin{aligned}
Z_k &= \sum_i \langle \Phi_i | \exp\{-\beta H_0\}\sigma(\beta)|\Phi_i\rangle \\
&= \sum_i \exp(-\beta\epsilon_i)\langle \Phi_i|\sigma(\beta)|\Phi_i\rangle = \sum_i \exp(-\beta\epsilon_i)\sigma(\beta)_{ii}.
\end{aligned} \tag{8.34}$$

Wir benötigen also die Diagonalelemente von $\sigma(\beta)$ in der Basis der Eigenzustände von H_0. Dafür erhält man aus (8.33) das Resultat:

$$\sigma(\beta)_{ii} = 1 - \beta W_{ii} + \frac{1}{2}\beta^2|W_{ii}|^2 - \sum_{j\neq i}|W_{ij}|^2\left(\frac{\beta}{(\epsilon_i - \epsilon_j)} + \frac{1 - \exp\{\beta(\epsilon_i - \epsilon_j)\}}{(\epsilon_i - \epsilon_j)^2}\right)\ldots \tag{8.35}$$

mit

$$\langle\Phi_i|\int_0^\beta \exp\{\beta\epsilon_i\}W\exp\{-\beta\epsilon_i\}d\beta|\Phi_i\rangle = \beta W_{ii}.$$

Weiterhin wurde die Vollständigkeit der Eigenzustände ausgenutzt im Beitrag 2. Ordnung:

$$I_{ii} = \left(\int_0^\beta W(\beta')\int_0^{\beta'} W(\beta'')d\beta''d\beta'\right)_{ii} \tag{8.36}$$

$$= \sum_j \langle\Phi_i|\int_0^\beta \exp(\beta' H_0)W\exp(-\beta' H_0)|\Phi_j\rangle\langle\Phi_j|$$

$$\int_0^{\beta'}\exp(\beta'' H_0)W\exp(-\beta'' H_0)|\Phi_i\rangle d\beta''d\beta'$$

$$= |W_{ii}|^2\int_0^\beta\int_0^{\beta'} d\beta''d\beta' + \sum_{j\neq i}|W_{ij}|^2\int_0^\beta\exp(\beta'(\epsilon_i-\epsilon_j))$$

$$\int_0^{\beta'}\exp(\beta''(\epsilon_j-\epsilon_i))d\beta''d\beta'$$

mit $W_{ij} = \langle\Phi_i|W|\Phi_j\rangle$. Zu bemerken ist weiterhin, daß die Terme mit $i=j$ und mit $i\neq j$ separiert integriert werden mußten. Die verbleibenden Integrale liefern

$$I_{ii} = \frac{1}{2}|W_{ii}|^2\beta^2 + \sum_{j\neq i}|W_{ij}|^2\int_0^\beta\exp(\beta'(\epsilon_i-\epsilon_j))\frac{\exp(\beta'(\epsilon_j-\epsilon_i))-1}{(\epsilon_j-\epsilon_i)}d\beta' \tag{8.37}$$

$$= \frac{1}{2}|W_{ii}|^2\beta^2 + \beta\sum_{j\neq i}\frac{|W_{ij}|^2}{\epsilon_j-\epsilon_i} + \sum_{j\neq i}|W_{ij}|^2\frac{\exp(\beta(\epsilon_i-\epsilon_j))-1}{(\epsilon_j-\epsilon_i)^2}.$$

Bei der Berechnung von Z_k mit $\sigma(\beta)$ aus (8.35) fällt der letzte Term von (8.37) exakt weg, da i,j die gleichen Werte durchlaufen und $W=W^\dagger$ gilt,

$$\sum_{i\neq j}|W_{ij}|^2\exp(-\beta\epsilon_i)\frac{[1-\exp\{\beta(\epsilon_i-\epsilon_j)\}]}{(\epsilon_i-\epsilon_j)^2}$$

$$= \sum_{i\neq j}|W_{ij}|^2\left(\frac{\exp(-\beta\epsilon_i)}{(\epsilon_j-\epsilon_i)^2} - \frac{\exp(-\beta\epsilon_j)}{(\epsilon_j-\epsilon_i)^2}\right) = 0. \tag{8.38}$$

Es bleibt

$$Z_k = \sum_i \exp(-\beta\epsilon_i)\left(1 - \beta W_{ii} + \frac{1}{2}\beta^2|W_{ii}|^2 - \beta\sum_{j\neq i}\frac{|W_{ij}|^2}{(\epsilon_i-\epsilon_j)}\cdots\right). \tag{8.39}$$

Mit den Abkürzungen

$$Z_k^0 = \sum_i \exp(-\beta \epsilon_i); \qquad p_i = \frac{\exp(-\beta \epsilon_i)}{\sum_j \exp(-\beta \epsilon_j)} = \frac{\exp(-\beta \epsilon_i)}{Z_k^0} \tag{8.40}$$

entsteht eine für die weitere Auswertung übersichtlichere Form:

$$Z_k = Z_k^0 \left(1 - \beta \sum_i W_{ii}\, p_i + \frac{1}{2}\,\beta^2 \sum_i \{W_{ii}^2\, p_i - \sum_{j \neq i} \frac{|W_{ij}|^2 \cdot (p_i - p_j)}{\beta(\epsilon_i - \epsilon_j)}\} \right).$$
$$\tag{8.41}$$

Das explizite Resultat für den letzten Term in (8.41) entsteht durch

$$\sum_{j \neq i} \frac{p_i |W_{ij}|^2}{(\epsilon_i - \epsilon_j)} = \sum_{j \neq i} \frac{(p_i - p_j)|W_{ij}|^2}{(\epsilon_i - \epsilon_j)} + \sum_{j \neq i} \frac{p_j |W_{ij}|^2}{(\epsilon_i - \epsilon_j)} \tag{8.42}$$

$$= \sum_{j \neq i} \frac{(p_i - p_j)|W_{ij}|^2}{(\epsilon_i - \epsilon_j)} - \sum_{j \neq i} \frac{p_j |W_{ij}|^2}{(\epsilon_j - \epsilon_i)},$$

oder

$$2\sum_{j \neq i} \frac{p_i |W_{ij}|^2}{(\epsilon_i - \epsilon_j)} = \sum_{j \neq i} \frac{(p_i - p_j)|W_{ij}|^2}{(\epsilon_i - \epsilon_j)}. \tag{8.43}$$

Der in W lineare Term ist gerade der Mittelwert von W in der durch H_0 beschriebenen Gesamtheit,

$$\langle W \rangle_0 = \sum_i p_i\, W_{ii}. \tag{8.44}$$

Zur Auswertung der restlichen Terme in (8.41) wollen wir die (in vielen praktischen Fällen gut erfüllte) Annahme $\beta(\epsilon_i - \epsilon_j) \ll 1$ machen, so daß (in führender Ordnung in β)

$$p_i - p_j = \frac{\exp(-\beta \epsilon_i) - \exp(-\beta \epsilon_j)}{\sum_k \exp(-\beta \epsilon_k)} = \frac{\exp(-\beta \epsilon_i)(1 - \exp(\beta(\epsilon_i - \epsilon_j)))}{\sum_k \exp(-\beta \epsilon_k)} \tag{8.45}$$

$$= p_i(1 - \exp[\beta(\epsilon_i - \epsilon_j)]) \approx -p_i \beta(\epsilon_i - \epsilon_j),$$

so daß

$$\sum_{j \neq i} \frac{|W_{ij}|^2 (p_i - p_j)}{[\beta(\epsilon_i - \epsilon_j)]} \approx -\sum_{j \neq i} p_i |W_{ij}|^2. \tag{8.46}$$

Nun ist aber aufgrund der Vollständigkeit der Eigenzustände $|\Phi_i\rangle$ zu H_0:

$$\langle \Phi_i | W^2 | \Phi_i \rangle = \sum_j \langle \Phi_i | W | \Phi_j \rangle \langle \Phi_j | W | \Phi_i \rangle = W_{ii}^2 + \sum_{j \neq i} |W_{ij}|^2. \tag{8.47}$$

Damit erhält (8.41) die übersichtliche Form für Z_k:

$$Z_k = Z_k^0 \left(1 - \beta \langle W \rangle_0 + \frac{1}{2} \beta^2 \langle W^2 \rangle_0 \cdots \right) \tag{8.48}$$

und die freie Energie $F = -k_B T \ln Z_k = -\beta^{-1} \ln Z_k$ erhält die Form

$$F = -\frac{1}{\beta} \left(\ln Z_k^0 + \ln[1 - \beta \langle W \rangle_0 + \frac{1}{2} \beta^2 \langle W^2 \rangle_0 ..] \right) \tag{8.49}$$

Mit der Entwicklung $\ln(1 + x) = -\sum_{n=1} (-1)^n x^n / n \approx x - 1/2 x^2 \cdots$ entsteht für $x = (-\beta \langle W \rangle_0 + 1/2 \beta^2 \langle W^2 \rangle_0)$

$$F = F^0 + \frac{1}{\beta} \left(-(-\beta \langle W \rangle_0 + \frac{1}{2} \beta^2 \langle W^2 \rangle_0) + \frac{1}{2}(-\beta \langle W \rangle_0 + \frac{1}{2}\beta^2 \langle W^2 \rangle_0)^2 \cdots \right) \tag{8.50}$$

$$\approx F^0 + \langle W \rangle_0 - \frac{1}{2} \beta \langle W^2 \rangle_0 + \frac{1}{2} \beta \langle W \rangle_0^2) \cdots$$

$$= F^0 + \langle W \rangle_0 - \frac{1}{2} \beta (\langle W^2 \rangle_0 - \langle W \rangle_0^2) \cdots = F^0 + \langle W \rangle_0 - \frac{1}{2} \beta \langle \Delta W^2 \rangle_0 \cdots$$

in erster Ordnung in β.

Wir können also die durch die Störung W bedingten Korrekturen zur freien Energie F ausdrücken durch den Mittelwert von W und seine quadratische Schwankung im ungestörten Gleichgewicht, beschrieben durch den statistischen Operator $\rho_0 = \exp(-\beta H_0)$.

Wir wenden den obigen Formalismus an auf den Fall, daß an einer Observablen q des Systems (z. B. magnetisches Momemt oder elektrische Stromdichte) eine äußere Kraft f (z. B. ein homogenes magnetisches oder elektrisches Feld) angreift, und fragen, wie sich (kleine) Änderungen von f auf das System auswirken. Wir setzen also in (8.26)

$$H = H_0 + W; \qquad W = -q \, \delta f, \tag{8.51}$$

wobei δf die kleinen Änderungen der äußeren Kraft beschreibt. Das zugehörige thermodynamische Potential ist die freie Enthalpie $G = F + PV$, die sich von F durch die von der äußeren Kraft herrührende potentielle Energie unterscheidet. Entsprechend (8.50) erhält man

$$G = G^0 - \langle q \rangle_0 \delta f - \frac{1}{2} \beta \langle \Delta q^2 \rangle_0 \, (\delta f)^2 \ldots = G^0 - \langle q \rangle_0 \delta f - \frac{1}{2} \chi \, (\delta f)^2 \ldots, \quad (8.52)$$

wobei χ die **verallgemeinerte Suszeptibilität** ist,

$$\chi = \beta \langle (q - \langle q \rangle_0)^2 \rangle_0 = \beta \langle \Delta q^2 \rangle_0, \quad (8.53)$$

beschrieben durch das Produkt von β und der mittleren quadratischen Schwankung von q in der ungestörten Gleichgewichtsgesamtheit.

8.3   Linear-Response

Wir wollen nun untersuchen, welche Änderungen der Mittelwert einer Observablen $\langle q \rangle$ erleidet, wenn an q eine zeitabhängige Kraft $f(t)$ angreift.

Beispiele Stromdichte unter Einfluß eines zeitabhängigen elektrischen Feldes; magnetisches Moment unter Einfluß eines zeitabhängigen Magnetfeldes ($W = -\mathbf{d} \cdot \delta \mathbf{E}$ oder $W = -\vec{\mu} \cdot \delta \vec{B}$). Dann ist in

$$\langle q(t) \rangle = Sp(q \, \rho(t)) \quad (8.54)$$

der statistische Operator zu bestimmen aus (vgl. Gl. (3.4)):

$$\frac{\partial}{\partial t} \rho = -\frac{i}{\hbar}[H, \rho(t)] = -\frac{i}{\hbar}[H_0 + W, \rho(t)] = -\frac{i}{\hbar}[H_0 - q \, f(t), \rho(t)], \quad (8.55)$$

wenn H_0 der vollständige Hamiltonoperator des Systems ohne äußere Kraft ist.

Zur näherungsweisen Berechnung von (8.54) geht man über ins **Dirac-Bild der zeitabhängigen Störungstheorie:**

$$q(t) = \exp\left\{\frac{i}{\hbar}H_0 t\right\} \, q \, \exp\left\{-\frac{i}{\hbar}H_0 t\right\}, \quad (8.56)$$

$$\sigma(t) := \exp\left\{\frac{i}{\hbar}H_0 t\right\} \, \rho(t) \, \exp\left\{-\frac{i}{\hbar}H_0 t\right\}, \quad (8.57)$$

und erhält

$$\langle q(t) \rangle = Sp\{q(t)\sigma(t)\}; \quad (8.58)$$

dabei genügt $\sigma(t)$ der Differentialgleichung

$$\frac{\partial}{\partial t}\,\sigma(t) = \frac{i}{\hbar}[q(t),\sigma(t)]\,f(t),\tag{8.59}$$

wenn man $f(t)$ als klassische Funktion behandelt. Als Anfangsbedingung wollen wir verlangen, daß das System vor Einschalten der Störung $f(t)$ sich im thermischen Gleichgewicht bei der Temperatur T befindet,

$$\rho(-\infty) = \sigma(-\infty) = \rho_0 = \frac{\exp(-\beta H_0)}{Sp(\exp(-\beta H_0))}.\tag{8.60}$$

Für hinreichend schwache Kräfte $f(t)$ kann man sich auf die beiden ersten Terme der Störungstheorie beschränken,

$$\sigma(t) = \rho_0 + \frac{i}{\hbar}\int_{-\infty}^{t}[q(t'),\rho_0]\,f(t')\,dt'\ldots,\tag{8.61}$$

und erhält mit

$$Sp\{q(t)[q(t'),\rho_0])\} = Sp\{q(t)q(t')\rho_0 - q(t)\rho_0 q(t')\}\tag{8.62}$$

$$= Sp\{q(t)q(t')\rho_0 - q(t')q(t)\rho_0\} = Sp\{[q(t),q(t')]\rho_0\}$$

(zyklische Invarianz der Spur) für den gesuchten Mittelwert

$$\langle q(t)\rangle = Sp(q(t)\sigma(t)) = \langle q\rangle_0 + \frac{i}{\hbar}\int_{-\infty}^{t}Sp(q(t)[q(t'),\rho_0])\,f(t')\,dt'\tag{8.63}$$

$$= \langle q\rangle_0 + \frac{i}{\hbar}\int_{-\infty}^{t}Sp([q(t),q(t')]\rho_0)\,f(t')\,dt'$$

$$= \langle q\rangle_0 + \frac{i}{\hbar}\int_{-\infty}^{\infty}\Theta(t-t')\langle[q(t),q(t')]\rangle_0\,f(t')\,dt'.$$

In (8.63) bezeichnet Θ die Sprung-Funktion:

$$\Theta(t-t') = 1\ \text{falls}\ t \geq t';\quad \Theta(t-t') = 0\ \text{sonst},\tag{8.64}$$

die es erlaubt, die obere Integralgrenze in (8.63) nach ∞ auszudehnen.

Man nutzt nun aus, daß die ungestörte Gesamtheit ρ_0 stationär ist, d.h.

$$\langle[q(t),q(t')]\rangle_0 = \langle[q(t-t'),q(0)]\rangle_0,\tag{8.65}$$

und geht in (8.63) zur Fourier-Darstellung über. Man führt dazu ein:

$$q_\omega = q(\omega) =: \int_{-\infty}^{\infty} (\langle q(t)\rangle - \langle q\rangle_0)\exp(i\omega t)\, dt, \tag{8.66}$$

$$f_\omega = f(\omega) =: \int_{-\infty}^{\infty} f(t)\exp(i\omega t)\, dt \tag{8.67}$$

$$r(\omega) =: \frac{i}{\hbar}\int_0^{\infty} \langle [q(t), q(0)]\rangle_0 \exp(i\omega t)\, dt \tag{8.68}$$

und erhält mit diesen Bezeichnungen nach Multiplikation von (8.63) mit $\exp(i\omega t)$ und Integration $[-\infty, \infty]\ldots dt$ die äquivalente Beziehung

$$q(\omega) = \int_{-\infty}^{\infty} dt\ \exp(i\omega t)(\langle q(t)\rangle - \langle q\rangle_0) \tag{8.69}$$

$$= \frac{i}{\hbar}\int_{-\infty}^{\infty} dt\ \exp(i\omega t)\int_{-\infty}^{\infty}\Theta(t-t')\langle [q(t-t'), q(0)]\rangle_0\, f(t')\, dt' = r(\omega)\, f(\omega).$$

In (8.69) tritt $r(\omega)$, die **Response-Funktion** des Systems, multiplikativ auf. Bei beliebiger externer Funktion $f(\omega)$ ist $r(\omega)$ eine charakteristische Systemfunktion, die wir im Folgenden etwas näher untersuchen wollen.

Anmerkung zum Übergang (8.63) $\to$ (8.69) **(Faltungstheorem):**

Setzt man (8.65) in (8.63) ein, so erhält man ein Faltungsintegral vom Typ:

$$a(t) = \int_{-\infty}^{\infty} b(t-t')\, c(t')\, dt'. \tag{8.70}$$

Nach einer Fourier-Transformation der Größen $a(t)$, $b(t)$ und $c(t)$ erhält man für die Fourier-Transformierten $a(\omega)$, $b(\omega)$ und $c(\omega)$ die einfache algebraische Relation

$$a(\omega) = b(\omega)c(\omega). \tag{8.71}$$

Von diesem Faltungstheorem wurde beim Übergang von (8.63) zu (8.69) implizit Gebrauch gemacht. Hinsichtlich der Integrationsgrenzen in (8.68) ist zu bemerken, daß ($\tau =: t - t'$) :

$$r(\omega) = \frac{i}{\hbar}\int_{-\infty}^{\infty} \langle [q(\tau), q(0)]\rangle_0 \exp(i\omega\tau)\Theta(\tau)\, d\tau \tag{8.72}$$

$$= \frac{i}{\hbar}\int_0^{\infty} \langle [q(\tau), q(0)]\rangle_0 \exp(i\omega\tau)\, d\tau.$$

8.4 Beispiele

Um die Rolle der Response-Funktion $r(\omega)$ zu veranschaulichen, seien einige einfache Beispiele betrachtet.

1. Die Bewegungsgleichungen eines gedämpften harmonischen Oszillators unter dem Einfluß einer äußeren Kraft $f(t)$ lauten:

$$m\left(\frac{d^2}{dt^2}q(t) + \omega_0^2 q(t)\right) + \gamma\,\frac{d}{dt}\,q(t) = f(t). \tag{8.73}$$

Nach Fourier-Zerlegung von $q(t)$ und $f(t)$ wird daraus

$$\{m(\omega_0^2 - \omega^2) - i\gamma\omega\}q(\omega) = f(\omega), \tag{8.74}$$

oder nach Vergleich mit (8.69)

$$r(\omega) = \frac{1}{m(\omega_0^2 - \omega^2) - i\,\gamma\omega} = \frac{m(\omega_0^2 - \omega^2) + i\,\gamma\omega}{m^2(\omega_0^2 - \omega^2)^2 + \gamma^2\omega^2}. \tag{8.75}$$

2. Bei der **Brown'schen Bewegung** untersuchen wir die Bewegung makroskopischer Partikel (z. B. Staubteilchen) in einem Gas oder einer Flüssigkeit aufgrund der thermischen Bewegung der Moleküle des Gases bzw. der Flüssigkeit, die mit den makroskopischen Teilchen zusammenstoßen. Die auf ein makroskopisches Teilchen wirkende Kraft teilt man auf in eine **Reibungskraft** und eine **stochastische** Kraft, deren zeitlicher Mittelwert verschwindet:

$$m\,\frac{d^2}{dt^2}q + \gamma\,\frac{d}{dt}\,q = f(t) \tag{8.76}$$

mit dem zeitlichen Mittelwert von $f(t)$

$$\bar{f} = 0. \tag{8.77}$$

Für diesen Fall wird analog Beispiel 1 ($\omega_0 = 0$):

$$r(\omega) = \frac{1}{-m\omega^2 - i\,\gamma\omega}. \tag{8.78}$$

3. In Metallen ist die **elektrische Leitfähigkeit** auf die Existenz **freier** Elektronen zurückzuführen. Die Bewegungsgleichung für ein solches Leitungselektron i lautet:

$$M\frac{d\mathbf{v}_i}{dt} + \xi \mathbf{v}_i = e\mathbf{E}_i, \tag{8.79}$$

wobei $\mathbf{E}_i$ das auf das Elektron i wirkende elektrische Feld ist und der Reibungsterm ($\sim \mathbf{v}_i$) der Tatsache (pauschal) Rechnung tragen soll, daß die Leitungselektronen durch Stöße mit den Gitterionen Energie verlieren.

Aus (8.79) folgt für die Stromdichte ($\mathbf{j}_f = en\mathbf{v}$):

$$\frac{d\mathbf{j}_f}{dt} + \frac{\xi}{M}\mathbf{j}_f = n\frac{e^2}{M}\mathcal{E}, \tag{8.80}$$

wobei wir den Mittelwert über $\mathbf{E}_i$ mit dem makroskopischen Feld $\mathcal{E}$ identifiziert haben und n die Elektronendicte bezeichnet. Für statische $\mathcal{E}$-Felder besitzt (8.80) die stationäre Lösung ($d\mathbf{j}_f/dt = 0$):

$$\mathbf{j}_f = \frac{ne^2}{\xi}\mathcal{E} = \sigma_0 \mathcal{E} \tag{8.81}$$

mit der **Gleichstromleitfähigkeit**

$$\sigma_0 = \frac{ne^2}{\xi}. \tag{8.82}$$

Für ein zeitlich periodisches Feld

$$\mathcal{E} = \mathcal{E}_0 \exp(-i\omega t) \tag{8.83}$$

erhalten wir als Lösung von (8.80)

$$\mathbf{j}_f = \mathbf{j}_0 \exp(-i\omega t). \tag{8.84}$$

Gl. (8.80) ergibt dann die Beziehung

$$\mathbf{j}_f = \sigma(\omega)\mathcal{E} = r(\omega)\mathcal{E} \tag{8.85}$$

mit der **frequenzabhängigen Leitfähigkeit** (Response-Funktion)

$$\sigma(\omega) = \frac{\sigma_0}{1 - i\omega\tau} = \frac{\sigma_0(1 + i\omega\tau)}{1 + \omega^2\tau^2}; \tag{8.86}$$

dabei ist die Dämpfungskonstante τ bestimmt durch

$$\tau = \frac{M}{\xi}. \tag{8.87}$$

Für niedrige Frequenzen ($\omega\tau \ll 1$) wird $\sigma(\omega)$ reell, $\sigma(\omega) \approx \sigma_0$, während umgekehrt für hohe Frequenzen ($\omega\tau \gg 1$) $\sigma(\omega)$ rein imaginär wird, sodaß $\mathbf{j}_f$ und $\mathcal{E}$ um $\pi/2$ gegeneinander phasenverschoben sind.

4. Wir betrachten weiterhin ein einfaches Beispiel für das **Widerstandsrauschen:**
   Ein Stromkreis enthalte eine Kapazität C und einen Ohm'schen Widerstand R, der auf einer Temperatur T durch ein Wärmebad gehalten werde (siehe Abb. 8.1).

Herrscht an den Enden des Widerstandes R die Spannungsdifferenz U, so fließt im Stromkreis der mittlere Strom $J = U/R$. Nun müssen wir allerdings noch beachten, daß die den Strom tragenden Elektronen zusätzlich der thermischen Bewegung unterworfen sind: sie werden in unregelmäßiger Weise von den Atomen des Leiters gestreut. Daher wird der Strom fluktuieren um den Mittelwert U/R. Für den wirklichen Verlauf des Stromes erwarten wir also

$$\frac{U}{R} = J + J_{th.}, \tag{8.88}$$

wobei $J_{th.}$ von der thermischen Bewegung der Elektronen bei der Temperatur T herrührt; $J_{th.}$ hat also mit der Spannung U nichts zu tun. Über den Zusammenhang des Stroms mit der zeitlichen Änderung der Ladung Q,

$$J = -\frac{d}{dt}\, Q = -C\, \frac{d}{dt}\, U, \tag{8.89}$$

erhält man (nach Multiplikation mit R)

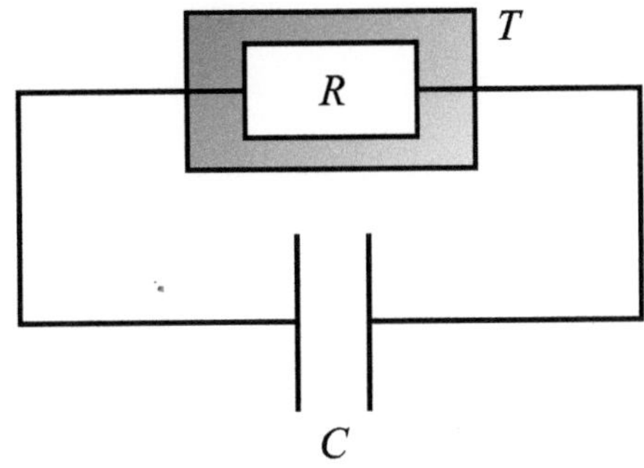

Abb. 8.1 Illustration eines Stromkreises mit einer Kapazität C und einem Widerstand R, der auf konstanter Temperatur durch eine Wärmebad gehalten wird

$$U + RC \, \frac{d}{dt} \, U = U_{th.} \tag{8.90}$$

mit der **fiktiven** Spannung

$$U_{th.} = R \, J_{th.} \tag{8.91}$$

Nach Fourier-Zerlegung von U und $U_{th.}$ folgt

$$(1 - i\omega RC)U(\omega) = U_{th.}(\omega) \tag{8.92}$$

und durch Vergleich mit (8.69)

$$r(\omega) = \frac{1}{1 - i\omega RC} = \frac{1 + i\omega RC}{1 + (\omega RC)^2}. \tag{8.93}$$

In allen vier Beispielen kommt die Statistik nur pauschal ins Spiel durch die Reibung γ bzw. den Widerstand R; daher gelingt es auch auf so einfache Weise die Response-Funktion $r(\omega)$ zu ermitteln.

8.5   Fluktuations-Dissipations-Theorem

Wir wollen nun den eingangs behaupteten Zusammenhang von Fluktuationen im Gleichgewicht mit erzwungenen Abweichungen vom Gleichgewicht aufgrund zeitabhängiger Störungen beweisen. Das Ergebnis wird eine einfache Beziehung sein zwischen den **Fluktuationen der Observablen,** an der die Störung angreift, und dem **dissipativen Anteil der Response-Funktion** $r(\omega)$, der für die Umwandlung der von der äußeren Kraft am System geleisteten Arbeit in innere Energie verantwortlich ist.

Zu diesem Zweck führen wir die **Spektralfunktion** $s(\omega)$ ein durch

$$s(\omega) = \frac{1}{2\pi\hbar} \int_{-\infty}^{\infty} \langle q(t)q(0)\rangle_0 \exp(i\omega t) \, dt = \frac{1}{2\pi} \int_{-\infty}^{\infty} s(t) \, \exp(i\omega t) \, dt. \tag{8.94}$$

$s(\omega)$ ist eine reelle Funktion, d. h. $s(\omega) = s^*(\omega)$. Zum Beweis bilden wir $\langle q(t)q(0)\rangle_0$ in der Energie-Darstellung mit $q(t) = \exp(i/\hbar H_0 t) q \exp(-i/\hbar H_0 t)$,

$$s(t) = \frac{1}{\hbar} \, \langle q(t)q(0)\rangle_0 = \frac{1}{\hbar} \sum_i \frac{\exp\{-\beta\epsilon_i\}}{(\sum_k \exp(-\beta\epsilon_k))} \sum_j \langle \Phi_i|q(t)|\Phi_j\rangle\langle\Phi_j|q|\Phi_i\rangle \tag{8.95}$$

$$= \frac{1}{\hbar} \sum_{i,j} \frac{\exp\{-\beta\epsilon_i\}}{(\sum_k \exp(-\beta\epsilon_k))} |\langle\Phi_i|q|\Phi_j\rangle|^2 \exp\left(\frac{i}{\hbar}[\epsilon_i - \epsilon_j]t\right).$$

Die t-Integration in (8.94) liefert dann gerade die δ-Distribution vom Argument $(\hbar\omega + \epsilon_i - \epsilon_j)$, also schließlich

$$s(\omega) = \sum_{i,j} |\langle \Phi_i | q | \Phi_j \rangle|^2 \, \delta(\hbar\omega + \epsilon_i - \epsilon_j) \frac{\exp(-\beta\epsilon_i)}{\sum_k \exp(-\beta\epsilon_k)} \geq 0 \qquad (8.96)$$

und reell wie behauptet. Es folgt direkt eine weitere zum Beweis des Fluktuations-Dissipations-Theorems notwendige Relation (durch Ersetzung $\epsilon_i \to \epsilon_i = \epsilon_j + \hbar\omega$),

$$s(-\omega) = \exp(-\beta\hbar\omega)s(\omega). \qquad (8.97)$$

Zum Beweis beachte man, daß

$$\delta(-\hbar\omega + \epsilon_i - \epsilon_j) = \delta(\hbar\omega + \epsilon_j - \epsilon_i), \qquad (8.98)$$

sowie daß $|\langle \Phi_i | q | \Phi_j \rangle|^2$ bzgl. i, j symmetrisch ist und daß wegen der Anwesenheit der δ-Distribution

$$\exp(-\beta\epsilon_i) \to \exp[-\beta(\epsilon_j + \hbar\omega)] \qquad (8.99)$$

ersetzt werden kann.

Wir benötigen nun noch den Zusammenhang von $s(\omega)$, $s(-\omega)$ mit der komplexen Response-Funktion $r(\omega)$. Letztere zerlegen wir in Real- und Imaginäranteil

$$r(\omega) = d(\omega) + i\pi \, a(\omega), \qquad (8.100)$$

wobei $d(\omega)$ der **dispersive,** $a(\omega)$ der **absorptive** Anteil heißt (Erläuterung siehe weiter unten). Benutzt man (8.68), so wird

$$\frac{1}{\pi}\Im r(\omega) = a(\omega) = \frac{1}{2\pi i}(r(\omega) - r^*(\omega)) \qquad (8.101)$$

$$= \frac{1}{2\pi i\hbar} \left(i \int_0^\infty \langle [q(t), q(0)]\rangle_0 \exp(i\omega t)dt + i \int_0^\infty \langle [q(t), q(0)]\rangle_0 \exp(-i\omega t)dt \right)$$

$$= \frac{1}{2\pi\hbar} \int_{-\infty}^\infty \langle [q(t)q(0) - q(0)q(t)]\rangle_0 \exp(i\omega t)dt$$

$$= \frac{1}{2\pi\hbar} \int_{-\infty}^\infty (\langle q(t)q(0)\rangle_0 \exp(i\omega t) - \langle q(0)q(-t)\rangle_0 \exp(-i\omega t)) \, dt$$

$$= \frac{1}{2\pi\hbar} \int_{-\infty}^\infty (\langle q(t)q(0)\rangle_0 \exp(i\omega t) - \langle q(t)q(0)\rangle_0 \exp(-i\omega t)) \, dt = s(\omega) - s(-\omega).$$

In (8.101) wurde benutzt:

$$\langle q(t)q(0)\rangle_0 = \langle q(0)q(-t)\rangle_0 \qquad (8.102)$$

aufgrund der Invarianz gegen Zeittranslation bei der Spurbildung in der stationären Gesamtheit ρ_0. Aus (8.100) und (8.97) wird nun

$$a(\omega) = s(\omega)[1 - \exp(-\beta\hbar\omega)] \qquad (8.103)$$

und

$$s(\omega) + s(-\omega) = s(\omega)[1 + \exp(-\beta\hbar\omega)] = a(\omega)\frac{[1 + \exp(-\beta\hbar\omega)]}{[1 - \exp(-\beta\hbar\omega)]}. \qquad (8.104)$$

Mit der Identität

$$\frac{1 + \exp(-x)}{1 - \exp(-x)} = \frac{\exp(x) + 1 - 1 + 1}{\exp(x) - 1} = 1 + \frac{2}{\exp(x) - 1} \qquad (8.105)$$

erhalten wir das allgemeine **Fluktuations-Dissipations-Theorem:**

$$\frac{\hbar}{2}[s(\omega) + s(-\omega)] = \frac{a(\omega)}{\omega}\left(\frac{\hbar\omega}{2} + \frac{\hbar\omega}{(\exp(\beta\hbar\omega) - 1)}\right). \qquad (8.106)$$

Auf der linken Seite von (8.106) steht die Fourier-Transformierte der (negativen) Schwankungsgröße für $\omega \neq 0$ (beachte, daß $q(0) \equiv q$ und $\langle f(q(t))\rangle_0 = \langle f(q)\rangle_0)$)

$$\langle q(t)q + qq(t)\rangle_0 \equiv -\langle q(t)^2 - q(t)q - qq(t) + q^2\rangle_0 + \langle q(t)^2\rangle_0 + \langle q^2\rangle_0 \qquad (8.107)$$

$$= 2\langle q^2\rangle_0 - \langle(q(t) - q)^2\rangle_0 = 2\langle q^2\rangle_0 - \langle\Delta q^2\rangle_0.$$

Auf der rechten Seite steht der dissipative Anteil der Response-Funktion $r(\omega)$ (d.h. $a(\omega)$), abgesehen von temperatur- und frequenzabhängigen Termen.

Wir müssen uns noch überzeugen, daß $a(\omega)$ mit dem dissipativen Anteil zu identifizieren ist. Dazu untersuchen wir die von der äußeren Kraft $f(t)$ am System geleistete Arbeit, die der inneren Energie des Systems zugute kommt. Wir bilden mit (8.55)

$$\frac{d}{dt}\langle H_0\rangle = Sp(\dot\rho H_0) = -\frac{i}{\hbar}Sp([H_0 - f(t)q, \rho]\,H_0) \qquad (8.108)$$

$$= -\frac{i}{\hbar}Sp([H_0, H_0 - f(t)q]\rho) = \frac{i}{\hbar}Sp([H_0, q]f(t)\rho(t)) = \langle\dot q\rangle f(t);$$

daraus ergibt sich die insgesamt an das System abgegebene Energie nach t-Integration

$$\langle H_0(\infty)\rangle - \langle H_0(-\infty)\rangle = \int_{-\infty}^{\infty} \langle \dot{q}\rangle f(t)\, dt \tag{8.109}$$

$$= -\frac{i}{2\pi}\int_{-\infty}^{\infty} \omega\, q(\omega)\left(\int_{-\infty}^{\infty}\exp(-i\omega t) f(t)\, dt\right) d\omega = -\frac{i}{2\pi}\int_{-\infty}^{\infty} \omega\, q(\omega)\, f(-\omega)\, d\omega$$

$$= -\frac{i}{2\pi}\int_{-\infty}^{\infty} \omega\, q(\omega) f^*(\omega)\, d\omega = -\frac{i}{2\pi}\int_{-\infty}^{\infty} \omega |f(\omega)|^2\, r(\omega)\, d\omega$$

$$= \int_{0}^{\infty} \omega |f(\omega)|^2\, a(\omega)\, d\omega \rangle 0,$$

wenn man beachtet

$$f^*(\omega) = f(-\omega), \tag{8.110}$$

da $f(t)$ reell ist, sowie die Tatsache (folgt direkt aus (8.68) und (8.102)), daß

$$r^*(\omega) = r(-\omega). \tag{8.111}$$

Wegen

$$d(\omega) = d(-\omega); \quad a(\omega) = -a(-\omega) \tag{8.112}$$

trägt nur $a(\omega)$ zum Integral (8.109) bei; die gerade Funktion liefert nach Multiplikation mit $\omega |f_\omega|^2$ keinen Beitrag (ungerader Integrand).

Als ein instruktives **Beispiel** für das Verständnis von Real- und Imaginär-Teil der Response-Funktion $r(\omega)$ sei der **Brechungsindex einer Substanz** erwähnt: Der Realteil des Brechungsindex gibt an, wie ein Lichtstrahl beim Übergang Vakuum-Substanz gebrochen wird; diese Brechung ist im allgemeinen frequenzabhängig: die Substanz zeigt **Dispersion**. Daher bezeichnet man den Realteil von $r(\omega)$ generell als den **dispersiven** Anteil. Beim Durchgang durch die Substanz wird der Lichtstrahl außerdem in seiner Intensität geschwächt, die Substanz absorbiert Strahlungsenergie. Diese **Absorption** ist ebenfalls frequenzabhängig und wird durch den **Imaginäranteil des Brechungsindex** beschrieben.

Im **klassischen Grenzfall** $\hbar\omega \ll k_B T$ oder $\beta\hbar\omega \ll 1$ wird

$$s(\omega) + s(-\omega) = a(\omega)\frac{(1 + \exp(-\beta\hbar\omega))}{(1 - \exp(-\beta\hbar\omega))} \approx a(\omega)\frac{2}{\beta\hbar\omega} = a(\omega)\frac{2\,k_B T}{\hbar\omega}, \tag{8.113}$$

so daß (8.106) die Form annimmt

$$\frac{\hbar}{2}(s(\omega) + s(-\omega)) = \frac{a(\omega)}{\omega}\, k_B T. \tag{8.114}$$

8.6　Verallgemeinerung des klassischen Gleichverteilungssatzes

Aus dem Fluktuations-Dissipations-Theorem (8.106) folgt durch Integration über ω

$$2 \int_0^\infty \frac{a(\omega)}{\omega} \left\{ \frac{\hbar\omega}{2} + \frac{\hbar\omega}{\exp(\beta\hbar\omega) - 1} \right\} d\omega \tag{8.115}$$

$$= \hbar \int_0^\infty \{s(\omega) + s(-\omega)\} d\omega = \hbar \int_{-\infty}^\infty s(\omega) d\omega$$

$$= \int_{-\infty}^\infty \int_{-\infty}^\infty \langle q(t)q(0)\rangle_0 \exp(i\omega t) \frac{d\omega}{2\pi} dt$$

(nach (8.94))

$$= \int_{-\infty}^\infty \langle q(t)q(0)\rangle_0 \delta(t)\, dt = \langle q(0)^2\rangle_0 = \langle q^2\rangle_0.$$

Eine entsprechende Relation erhält man für den Mittelwert der zu q kanonisch konjugierten Variablen p. Zu ihrer Herleitung benutzen wir:

$$\langle \Phi_i | \dot{q}(t) | \Phi_j\rangle = \frac{i}{\hbar}\langle \Phi_i | [H_0, q(t)] | \Phi_j\rangle = \frac{i}{\hbar}(\epsilon_i - \epsilon_j)\langle \Phi_i | q(t) | \Phi_j\rangle, \tag{8.116}$$

woraus durch Iteration folgt

$$\langle \Phi_i | \frac{d}{dt}\dot{q}(t) | \Phi_j\rangle = -\frac{(\epsilon_i - \epsilon_j)^2}{\hbar^2}\langle \Phi_i | q(t) | \Phi_j\rangle. \tag{8.117}$$

Mit (8.95) folgt

$$\frac{d^2}{dt^2}s(t) = -\frac{1}{\hbar}\frac{\sum_{i,j}\exp(-\beta\epsilon_i)}{(\sum_k \exp(-\beta\epsilon_k))}|\langle \Phi_i | q | \Phi_j\rangle|^2 \frac{(\epsilon_i - \epsilon_j)^2}{\hbar^2}\exp\{\frac{i}{\hbar}(\epsilon_i - \epsilon_j)t\} \tag{8.118}$$

$$= -\frac{1}{\hbar}\frac{\sum_{i,j}\exp(-\beta\epsilon_i)}{(\sum_k \exp(-\beta\epsilon_k))}|\langle \Phi_i | \dot{q} | \Phi_j\rangle|^2 \exp\{\frac{i}{\hbar}(\epsilon_i - \epsilon_j)t\} = -\frac{1}{\hbar}\langle \dot{q}(t)\dot{q}(0)\rangle_0$$

$$= \frac{1}{\hbar}\frac{\sum_{i,j}\exp(-\beta\epsilon_i)}{(\sum_k \exp(-\beta\epsilon_k))}\langle \Phi_i | \frac{d}{dt}\dot{q} | \Phi_j\rangle\langle \Phi_j | q | \Phi_i\rangle \exp\{\frac{i}{\hbar}(\epsilon_i - \epsilon_j)t\}$$

$$= \frac{1}{\hbar}\frac{\sum_i \exp(-\beta\epsilon_i)}{(\sum_k \exp(-\beta\epsilon_k))}\langle \Phi_i | \frac{d}{dt}\dot{q}(t)q | \Phi_i\rangle = \frac{1}{\hbar}\langle \frac{d}{dt}\dot{q}(t)q(0)\rangle_0$$

und (8.94) (nach partieller Integration)

$$\omega^2 s(\omega) = -\frac{1}{2\pi\hbar}\int_{-\infty}^\infty \langle (\frac{d}{dt}\dot{q}(t))q(0)\rangle_0 \exp(i\omega t) dt. \tag{8.119}$$

Durch Integration über ω gemäß (8.115) erhalten wir

$$\hbar \int_{-\infty}^{\infty} \omega^2 s(\omega) d\omega = 2 \int_0^{\infty} \omega\, a(\omega) \left\{ \frac{\hbar\omega}{2} + \frac{\hbar\omega}{\exp(\beta\hbar\omega) - 1} \right\} d\omega \qquad (8.120)$$

$$= \langle \dot{q}^2 \rangle_0 =: \langle p^2 \rangle_0 / m^2,$$

wenn man nach (8.118) beachtet

$$\lim_{t \to 0} \left\langle \left(\frac{d}{dt} \dot{q}(t) \right) q(0) \right\rangle_0 = -\langle \dot{q}^2 \rangle_0. \qquad (8.121)$$

Die Relationen

$$\langle q^2 \rangle_0 = \hbar \int_{-\infty}^{\infty} s(\omega)\, d\omega = 2 \int_0^{\infty} \frac{a(\omega)}{\omega} \left\{ \frac{\hbar\omega}{2} + \frac{\hbar\omega}{(\exp(\beta\hbar\omega) - 1)} \right\} d\omega \qquad (8.122)$$

und

$$\frac{\langle p^2 \rangle_0}{m^2} = \hbar \int_{-\infty}^{\infty} \omega^2 s(\omega)\, d\omega = 2 \int_0^{\infty} \omega\, a(\omega) \left\{ \frac{\hbar\omega}{2} + \frac{\hbar\omega}{\exp(\beta\hbar\omega) - 1} \right\} d\omega \qquad (8.123)$$

kann man als **quantenmechanische Verallgemeinerungen des Gleichverteilungssatzes** ansehen.

Um uns davon zu überzeugen, benutzen wir für $\hbar\omega \ll k_B T$

$$a(\omega) \approx s(\omega) \frac{\hbar\omega}{k_B T} = s(\omega) \beta\hbar\omega \qquad (8.124)$$

aus (8.103) sowie

$$\left\{ \frac{\hbar\omega}{2} + \frac{\hbar\omega}{(\exp(\beta\hbar\omega) - 1)} \right\} \approx k_B T = \beta^{-1} \qquad (8.125)$$

entsprechend (8.113). Damit wird

$$\hbar \int_{-\infty}^{\infty} \omega^2 s(\omega)\, d\omega \approx 2 k_B T \int_0^{\infty} \omega\, a(\omega) d\omega = 2 k_B T \int_0^{\infty} \omega(s(\omega) - s(-\omega))\, d\omega \qquad (8.126)$$

$$= 2 k_B T \int_{-\infty}^{\infty} \omega\, s(\omega)\, d\omega,$$

wenn man (8.101) einsetzt. Nun findet man entsprechend den obigen Rechnungen zu (8.122) bzw. (8.123)

$$\int_{-\infty}^{\infty} \omega\, s(\omega) d\omega = \frac{i}{\hbar} \frac{\langle [p, q] \rangle_0}{2m} = \frac{1}{2m} \qquad (8.127)$$

für kanonisch konjugierte Variable. Also wird

$$\frac{\langle p^2 \rangle_0}{2m} = \frac{1}{2} k_B T, \tag{8.128}$$

wie es der Gleichverteilungssatz behauptet. Der Beweis der entsprechenden Aussage für $\langle q^2 \rangle_0$ ist aufwendiger und wird hier nicht explizit vorgeführt.

8.7   Beispiele

Zur Veranschaulichung des Fluktuations-Dissipations-Theorems kommen wir noch einmal auf das Widerstandsrauschen zurück. Aus (8.93) ($r(\omega) = 1/(1 - i\omega C R)$) folgt sofort

$$\frac{1}{\pi} \Im(r(\omega)) = a(\omega) = \frac{1}{\pi} \frac{\omega R C}{(1 + \omega^2 R^2 C^2)}, \tag{8.129}$$

so daß bei der klassischen Näherung $\hbar\omega \ll k_B T$ nach (8.114) entsteht

$$\frac{\hbar}{2}[s(\omega) + s(-\omega)] = \frac{a(\omega)}{\omega} k_B T = \frac{1}{\pi} \frac{k_B T \, R C}{(1 + \omega^2 R^2 C^2)}. \tag{8.130}$$

Bei der Interpretation der linken Seite von (8.130) ist zu beachten, daß $q \, f(t)$ eine Energie sein muß und $f(t)$ eine zeitabhängige klassische Größe ist. Da Gl. (8.93) eine Identifikation von $f(t)$ und $U_{th.}(t)$ impliziert, entspricht q der Ladung $Q(t) = C \, U(t)$. Auf der linken Seite der **Nyquist-Formel** (8.130) steht also die Fourier-Transformierte der Schwankung der Ladung. Will man zur Spannung übergehen, so ist $r(\omega)$ in (8.93) mit $1/C$ zu multiplizieren und in (8.129) und (8.130) entfällt auf der rechten Seite der Faktor C im Zähler. Integriert man die so entstehende Gl. (8.130) analog (8.115) über ω, so wird

$$\langle U(t)^2 \rangle_0 = \frac{2}{\pi} \int_0^\infty \frac{k_B T \, R}{(1 + \omega^2 R^2 C^2)} d\omega \tag{8.131}$$

$$= \frac{2 k_B T}{\pi C} \int_0^\infty \frac{1}{1 + x^2} dx = \frac{k_B T}{C} \tag{8.132}$$

für $x = \omega R C$, da das Integral über dx gerade $\pi/2$ liefert. $\langle U(t)^2 \rangle_0$ ist also unabhängig von R; bei kleineren R-Werten wird in (8.131) der Beitrag kleiner Frequenzen zwar geringer, dafür tragen aber höhere Frequenzen noch zum Integral bei.

Zusammenfassend haben wir in diesem Kapitel die Verbindung zwischen spontanen Schwankungen physikalischer Größen um ihre Mittelwerte im statistischen Gleichgewicht und erzwungenen Abweichungen von den Mittelwerten aufgrund von Störungen des Gleichgewichts durch äußere Einflüsse untersucht. Es wurde gezeigt, daß diese beiden Phänomene bei schwachen äußeren Störungen eng miteinander verknüpft sind und ihren Ausdruck im Fluktuations-Dissipationstheorem finden. Zu diesem Zweck haben wir die thermodynamische Störungstheorie eingeführt und Response-Funktionen für verschiedene Beispiele wie die elektrische Leitfähigkeit und das Widerstandsrauschen berechnet.

Teil III
Anwendungen der Statistischen Mechanik

Das ideale Fermi-Gas 9

Inhaltsverzeichnis

In diesem Kapitel werden wir das ideale Fermigas insbesondere bei niedrigen Temperaturen untersuchen und die Zustandsgleichung sowie die Schwankungen der mittleren Besetzungszahl berechnen. Als Beispiele werden die spezifische Wärme von Metallelektronen bei niedrigen Temperaturen sowie die Glühemission von Elektronen aus Metallen bei endlicher Temperatur berechnet.

9.1 Fermi-Verteilung

Für die mittlere Besetzungszahl des Einteilchenniveaus i hatten wir gefunden

$$\langle n_i \rangle = \frac{1}{\exp(\beta[\epsilon_i - \mu]) + 1},\tag{9.1}$$

wobei $\beta = 1/(k_B T)$ und μ das chemische Potential ist. Für den Grenzfall hoher Temperaturen (oder geringer Dichte) hatten wir in Abschn. 6.4 schon gesehen, daß $\langle n_i \rangle$ exponentiell mit der Energie abfällt,

$$\langle n_i \rangle \approx \exp(-\beta[\epsilon_i - \mu])\tag{9.2}$$

Abb. 9.1 Fermi Verteilung als Funktion der Einteilchenenergy ϵ für $T = 0$ und $T > 0$

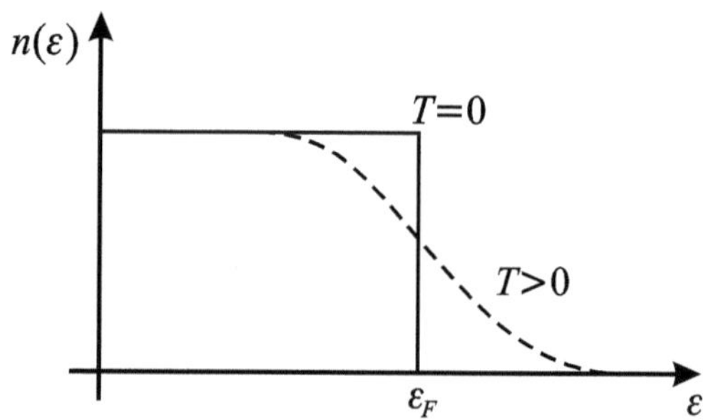

für $V/\mathcal{N}(2\pi m k_B T/h^2)^{3/2} \gg 1$. Im anderen Grenzfall niedriger Temperaturen ($T \to 0$, $\beta \to \infty$) müssen wir unterscheiden $\epsilon_i > \mu$ und $\epsilon_i < \mu$. Für $\epsilon_i > \mu$ und $\beta \to \infty$ gilt offensichtlich $\langle n_i \rangle \to 0$ exponentiell, dagegen wird $\langle n_i \rangle \to 1$ für $\epsilon_i < \mu$ und $\beta \to \infty$. Für $\epsilon_i = \mu$ nimmt $\langle n_i \rangle$ den Wert $1/2$ an; damit erhält μ eine anschauliche Bedeutung: $\mu_{T=0}$ gibt die Energie an, bis zu der die Einteilchen-Niveaus am absoluten Nullpunkt voll besetzt sind; für Energien oberhalb $\mu_{T=0}$ sind alle Zustände leer. $\mu_{T=0} =: \epsilon_F$ nennt man entsprechend dem Verhalten von $\langle n_i \rangle$ (siehe Abb. 9.1) die **Fermi-Kante;** sie ist bestimmt durch die Forderung

$$\sum_i \langle n_i \rangle = \mathcal{N}, \tag{9.3}$$

wobei $\mathcal{N}$ die vorgegebene mittlere Teilchenzahl des Systems ist. Die Fermi-Kante hängt also von der Teilchenzahl des Systems ab. Die bei $T = 0$ **scharfe** Fermi-Kante **weicht** bei $T \neq 0$ **auf** (siehe Abb. 9.1).

9.2 Innere Energie und Teilchenzahl bei niedrigen Temperaturen $T \neq 0$.

Bei der Berechnung von

$$\mathcal{N} = \sum_i \langle n_i \rangle \tag{9.4}$$

und

$$U = \sum_i \epsilon_i \langle n_i \rangle \tag{9.5}$$

ersetzen wir (vgl. Abschn. 6.4)

$$\sum_i \dots \to \frac{(2s+1)V}{(2\pi)^3} \int d^3k \dots . \tag{9.6}$$

Da die uns interessierenden Größen (9.4) und (9.5) im nicht-relativistischen Limes nur von

$$\epsilon = \frac{\hbar^2 k^2}{2m} \tag{9.7}$$

abhängen, rechnen wir um ($k^2 = 2m\epsilon/\hbar^2$, $d\epsilon = \hbar^2 k/m \, dk$)

$$\int_{-\infty}^{\infty} d^3k \ldots = 4\pi \int_0^{\infty} k^2 dk \ldots = 2\pi (\frac{2m}{\hbar^2})^{3/2} \int \epsilon^{1/2} d\epsilon \ldots \qquad (9.8)$$

Die uns interessierenden Integrale sind dann von der Form

$$I = C \int_0^{\infty} \frac{f(\epsilon)}{\exp\{(\epsilon - \mu)/k_B T\} + 1} \, d\epsilon \qquad (9.9)$$

mit dem Vorfaktor (s bezeichne den Spin der Teilchen)

$$C = \frac{V(2s+1)}{(2\pi)^3} 2\pi \left(\frac{2m}{\hbar^2}\right)^{3/2} = V(2s+1)2\pi \left(\frac{2m}{h^2}\right)^{3/2} . \qquad (9.10)$$

Für die Berechnung von $\mathcal{N}$ ist $f(\epsilon) = \epsilon^{1/2}$, für U entsprechend $f(\epsilon) = \epsilon^{3/2}$ einzusetzen. Zur Berechnung des Integrals (9.9) für **niedrige Temperaturen** substituieren wir

$$\epsilon - \mu = k_B T \, z, \qquad (9.11)$$

so daß (Konstante C aus (9.9) weggelassen)

$$k_B T \int_{-\mu/k_B T}^{\infty} \frac{f(\mu + k_B T z)}{\exp(z) + 1} dz = k_B T \left(\int_{-\mu/k_B T}^{0} \frac{f(\mu + k_B T z)}{\exp(z) + 1} \, dz + \int_0^{\infty} \frac{f(\mu + k_B T z)}{\exp(z) + 1} \, dz \right)$$
$$(9.12)$$

$$= k_B T \left(\int_0^{\mu/(k_B T)} \frac{f(\mu - k_B T z)}{\exp(-z) + 1} dz + \int_0^{\infty} \frac{f(\mu + k_B T z)}{\exp(z) + 1} dz \right) .$$

Mit der Identität

$$\frac{1}{\exp(-z) + 1} = \frac{\exp(z) + 1 - 1}{\exp(z) + 1} = 1 - \frac{1}{\exp(z) + 1} \qquad (9.13)$$

können wir (9.12) in einen $T = 0$-Beitrag und eine Korrektur für $T \neq 0$ aufspalten:

$$\int_0^{\mu} f(\bar{\epsilon}) \, d\bar{\epsilon} + k_B T \int_0^{\infty} \frac{[f(\mu + k_B T z) - f(\mu - k_B T z)]}{\exp(z) + 1} dz, \qquad (9.14)$$

wobei im 2. Term für $\mu/(k_B T) \gg 1$ die obere Integrationsgrenze nach ∞ verschoben werden kann. Entwickelt man im 2. Term den Zähler im Integranden nach Potenzen von $k_B T z$,

$$f(\mu \pm k_B T z) = f(\mu) \pm k_B T z f'(\mu) + \frac{z^2}{2}(k_B T)^2 f''(\mu) \pm \frac{z^3}{6}(k_B T)^3 f'''(\mu) \ldots \qquad (9.15)$$

so wird

$$I = C \left(\int_0^\mu f(\bar{\epsilon})\, d\bar{\epsilon} + 2(k_B T)^2 f'(\mu) \int_0^\infty \frac{z}{\exp(z)+1}\, dz \right) \tag{9.16}$$

$$+ \frac{C}{3}(k_B T)^4 f'''(\mu) \int_0^\infty \frac{z^3}{\exp(z)+1}\, dz + \ldots;$$

alle geraden Ableitungen von $f(\mu)$ heben sich heraus. Setzt man die Werte der Integrale aus Tabellen ein, so erhält man das Endergebnis

$$I = C \left(\int_0^\mu f(\bar{\epsilon})\, d\bar{\epsilon} + \frac{\pi^2}{6}(k_B T)^2 f'(\mu) \ldots \right). \tag{9.17}$$

Mit (9.17) und (9.6) wird aus (9.4) (mit $f(\epsilon) = \sqrt{\epsilon}$, $f' = 1/(2\sqrt{\epsilon})$)

$$\mathcal{N} = \frac{2}{3}\, C\, \mu^{3/2} + C\frac{\pi^2}{6}(k_B T)^2 \frac{1}{2\sqrt{\mu}} + \ldots = \frac{2}{3}\, C\, \mu^{3/2} \left(1 + \frac{\pi^2}{8}(\frac{k_B T}{\mu})^2 + \ldots \right), \tag{9.18}$$

oder aufgelöst nach $\mu^{3/2}$,

$$\mu^{3/2} = \frac{3\mathcal{N}}{2C} \left(1 + \frac{\pi^2}{8}\left(\frac{k_B T}{\mu}\right)^2 + \ldots \right)^{-1}, \qquad \rightarrow \quad \mu = \left(\frac{3\mathcal{N}}{2C}\right)^{2/3} \left(1 + \frac{\pi^2}{8}\left(\frac{k_B T}{\mu}\right)^2 + \ldots \right)^{-2/3}.$$

Benutzt man für $T = 0$

$$\mu(T=0) = \epsilon_F = \left(\frac{3\mathcal{N}}{2C}\right)^{2/3}, \tag{9.19}$$

so wird für niedrige Temperaturen $T \neq 0$ nach Entwicklung des Nenners

$$\mu(T) = \epsilon_F \left(1 + \frac{\pi^2}{8}\left(\frac{k_B T}{\epsilon_F}\right)^2 \ldots \right)^{-2/3} \approx \epsilon_F \left(1 - \frac{\pi^2}{12}\left(\frac{k_B T}{\epsilon_F}\right)^2 \ldots \right). \tag{9.20}$$

Entsprechend erhält man für $f(\epsilon) = \epsilon^{3/2}$

$$U \approx \frac{3}{5}\mathcal{N}\epsilon_F\big|_{T=0} \left(1 + \frac{5\pi^2}{12}\left(\frac{k_B T}{\epsilon_F}\right)^2 \ldots \right). \tag{9.21}$$

Wichtig an Gl. (9.21) ist, daß die Korrekturen zu $T = 0$ mit T^2, und nicht linear mit T, beginnen. Aus (9.21) folgt direkt das richtige Verhalten von C_V für niedrige Temperaturen,

$$\left(\frac{\partial U}{\partial T}\right)_V = C_V = \text{const} \cdot T + \ldots, \tag{9.22}$$

so daß $C_V \to 0$ für $T \to 0$ in Übereinstimmung mit dem 3. Hauptsatz.

Ein praktisches Beispiel liefert die **spezifische Wärme von Metallen**. Für C_V/T findet man bei tiefen Temperaturen

$$\frac{C_V}{T} = a_1 + a_2 T^2 + \ldots \tag{9.23}$$

Der quadratische Term rührt von den Gitterschwingungen her (vgl. Kap. 10), während der a_1-Anteil von den (fast frei beweglichen) Leitungselektronen herrührt. Der experimentelle Wert von a_1 ergibt sich für viele Metalle in Übereinstimmung mit (9.22). Die spezifische Wärme von Metallen bei tiefen Temperaturen zeigt deutlich das Versagen der klassischen Theorie (wonach die spezifische Wärme pro Freiheitsgrad $1/2\, k_B$ ist, also $3/2\, k_B$ für freie Elektronen) und gibt eine klare Bestätigung der Quantenstatistik.

Der qualitative Grund für den geringen Beitrag freier Elektronen zur spezifischen Wärme bei tiefen Temperaturen ist klar: Die Einteilchenzustände weit unterhalb der Fermi-Kante ϵ_F sind voll besetzt ($\langle n(\epsilon) \rangle \approx 1$) und geben zur inneren Energie (9.5) einen temperaturunabhängigen Beitrag. Für die spez. Wärme C_V tragen also nur die Elektronen von Zuständen aus der Umgebung der Fermi-Kante bei, also mit abnehmender Temperatur immer weniger Elektronen, da die Fermi-Kante immer **schärfer** wird.

9.3 Entartung des Fermi-Gases

Der Begriff **tiefe Temperaturen** muß noch präzisiert werden. Dies gelingt anhand von Formeln wie (9.18), (9.20) oder (9.21), wo $k_B T/\epsilon_F$ als Entwicklungsparameter auftritt. Definiert man durch

$$k_B T_F =: \epsilon_F \tag{9.24}$$

die Fermi-Temperatur (für Metalle ist $T_F \sim 10^5 K$), die gemäß (9.19) dichteabhängig ist, so bedeutet hohe Dichte und niedrige Temperatur, daß

$$T \ll T_F \tag{9.25}$$

sein muß. In diesem Bereich nennt man ein Fermi-Gas **entartet.**

9.4   Zustandsgleichung

Für die großkanonische Gesamtheit ist (vgl. Tab. (7.65))

$$J = J(T, V, \mu) = U - TS - \mu N \qquad (9.26)$$

das thermodynamische Potential. Benutzt man die für homogene Systeme gültige Relation (8.18) ($U = TS - PV + \mu N$), so folgt

$$PV = -J = k_B T \ \ln \ Z_g, \qquad (9.27)$$

wenn man noch (5.38) beachtet. Weiter mit (6.11)

$$PV = k_B T \ln \left(\prod_i \{1 + \exp(-\beta(\epsilon_i - \mu))\} \right) = k_B T \sum_i \ln\{1 + \exp(-\beta(\epsilon_i - \mu))\} \qquad (9.28)$$

als Zustandsgleichung des idealen Fermi-Gases. Sie enthält Abweichungen gegenüber der klassischen Gl. (7.127), welche auf das Pauli-Prinzip zurückzuführen sind. Die Berechnung von $\sum_i \ln\{..\}$ in (9.28) läßt sich analog Kap. 9.2 auf eine Energie-Integration zurückführen:

$$PV = k_B T \ C \int_0^\infty \sqrt{\epsilon} \ \ln(1 + \exp(-\beta(\epsilon - \mu))) \ d\epsilon \qquad (9.29)$$

$$= k_B T \ C \int_0^\infty \frac{2}{3} \epsilon^{3/2} \frac{\beta \exp(-\beta(\epsilon - \mu))}{1 + \exp(-\beta(\epsilon - \mu))} \ d\epsilon = \frac{2}{3} C \int_0^\infty \frac{\epsilon^{3/2}}{1 + \exp(\beta(\epsilon - \mu))} \ d\epsilon$$

nach partieller Integration. Wir erhalten damit für PV genau 2/3 des Integrals für die innere Energie U. Mit (9.21) lautet das Resultat

$$PV = \frac{2}{3} U = \frac{2}{5} \mathcal{N} \epsilon_F \left(1 + \frac{5\pi^2}{12} (\frac{k_B T}{\epsilon_F})^2 \dots \right). \qquad (9.30)$$

Gl. (9.30) zeigt, daß auch für $T = 0$ immer noch $PV \neq 0$ im Gegensatz zum klassischen idealen Gas. Der bei $T = 0$ verbleibende **Nullpunktsdruck** ist eine direkte Folge des Pauli-Prinzips, nach dem nur zwei Teilchen mit Spin 1/2 den Impuls $\hbar \mathbf{k} = 0$ annehmen können; alle anderen Teilchen müssen einen höheren Impuls haben und erzeugen deren Nullpunktsdruck.

9.5 Schwankungen der mittleren Besetzungszahl

Nach Abschn. 8.2, Gl. (8.11), wird

$$(\Delta n_i)^2 = k_B T \left(\frac{\partial \langle n_i \rangle}{\partial \mu} \right) = \beta^{-1} \left(\frac{\partial (\exp(\beta(\epsilon_i - \mu)) + 1)^{-1}}{\partial \mu} \right) = \frac{\exp(\beta(\epsilon_i - \mu)) + 1 - 1}{(\exp(\beta(\epsilon_i - \mu)) + 1)^2} \tag{9.31}$$

und es folgt

$$(\Delta n_i)^2 = \langle n_i \rangle (1 - \langle n_i \rangle). \tag{9.32}$$

Die Fluktuationen verschwinden für Energien weit unterhalb der Fermi-Kante, wo $\langle n_i \rangle \approx 1$ und weit oberhalb, wo $\langle n_i \rangle \approx 0$. Mit abnehmender Temperatur konzentrieren die Fluktuationen sich immer stärker in der Nähe der Fermi-Kante.

9.6 Glühemission

Wir wollen den aus einer (ebenen) Metalloberfläche austretenden Elektronenstrom berechnen. Dazu nehmen wir an, daß die aus dem Metall austretenden Elektronen eine Potentialdifferenz χ überwinden müssen (siehe Abb. 9.2).

Das Gleichgewicht zwischen Elektronen im Metall und Elektronen im Vakuum ist dadurch gekennzeichnet, daß die chemischen Potentiale (Index m : Metall, Index v : Vakuum) gleich sind,

$$\mu_m = \mu_v; \tag{9.33}$$

für normale Temperaturen ($T \approx 300^0 K$) können wir die Temperaturabhängigkeit von μ vernachlässigen, so daß

$$\mu_m = \mu_v = \epsilon_F. \tag{9.34}$$

Für die Teilchendichten erhalten wir im Vakuum ($2s + 1 = 2$)

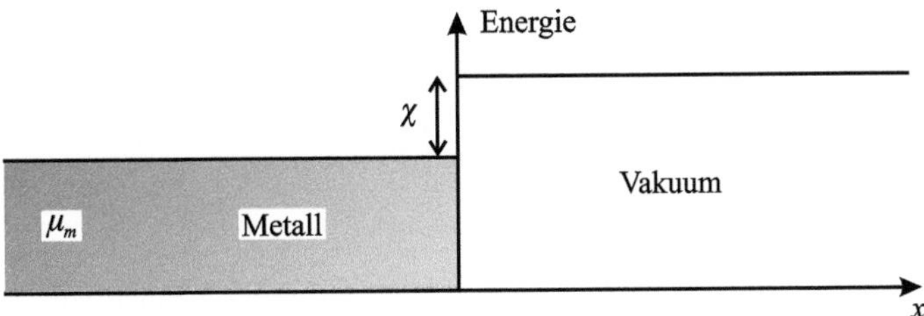

Abb. 9.2 Potentialverlauf an der Grenzfläche zwischen Metall und Vakuum

$$\frac{N}{V} = n_v = \frac{C}{V} \int_0^\infty \frac{\epsilon^{1/2}}{\exp\{\beta(\epsilon + \chi - \epsilon_F)\} + 1} \, d\epsilon \tag{9.35}$$

und im Metall

$$n_m = \frac{C}{V} \int_0^\infty \frac{\epsilon^{1/2}}{\exp\{\beta(\epsilon - \epsilon_F)\} + 1} \, d\epsilon. \tag{9.36}$$

Damit das Metall überhaupt Leitungselektronen **halten** kann, muß χ deutlich oberhalb ϵ_F liegen, so daß wir bei normalen Temperaturen (d. h. $\beta \epsilon_F \gg 1$)

$$\beta(\chi - \epsilon_F) \gg 1 \tag{9.37}$$

annehmen dürfen. Dann kann in n_v (9.35) die 1 im Nenner des Integranden vernachlässigt werden;

$$n_v = \frac{C}{V} \int_0^\infty \frac{\epsilon^{1/2}}{\exp\{\beta(\epsilon + \chi - \epsilon_F)\}} \, d\epsilon = \frac{C}{V} \exp(-\beta(\chi - \epsilon_F)) \int_0^\infty \frac{\epsilon^{1/2}}{\exp\{\beta\epsilon\}} \, d\epsilon. \tag{9.38}$$

Das restliche Integral der Form (mit der Substitution $x^2 = \epsilon$, $d\epsilon = 2x\,dx$)

$$\int_0^\infty \frac{\epsilon^{1/2}}{\exp(\beta\epsilon)} \, d\epsilon = 2 \int_0^\infty \frac{x^2}{\exp(\beta x^2)} \, dx = \int_{-\infty}^\infty x^2 \exp(-\beta x^2) \, dx = \frac{\sqrt{\pi}}{2\beta^{3/2}} \tag{9.39}$$

ist geschlossen lösbar und man erhält (mit $\frac{C}{V} = 4\pi \left(\frac{2m}{h^2}\right)^{3/2}$) für n_v :

$$n_v = 2\pi \left(\frac{2m}{h^2}\right)^{3/2} \exp\left(-\frac{(\chi - \epsilon_F)}{k_B T}\right) \cdot (k_B T)^{3/2} \sqrt{\pi} \tag{9.40}$$

$$= \frac{2\pi}{h^3} (2mk_B T)^{3/2} \exp\left(-\frac{(\chi - \epsilon_F)}{k_B T}\right) \sqrt{\pi}.$$

Nun kann man die Stromdichte j_m der vom Metall emittierten **Glühelektronen** berechnen, da im Gleichgewicht die Zahl der aus dem Metall austretenden Elektronen gleich der Zahl der **Dampf-Elektronen** ist, die auf die Oberfläche des Metalls auftreffen und wieder in die Metall-Phase übergehen; also:

$$j_m = e \, n_v \frac{1}{2} \langle |v_x| \rangle. \tag{9.41}$$

Da die Dichte der Elektronen in der Dampf-Phase gering ist, können wir $\langle |v_x| \rangle$ klassisch berechnen, d. h.

$$\langle |v_x| \rangle = \sqrt{\langle v_x^2 \rangle} = \sqrt{\langle v^2 \rangle / 3} = \sqrt{\frac{2\langle \epsilon \rangle}{3\,m}} = \sqrt{\frac{2k_B T}{\pi m}}, \tag{9.42}$$

wenn $\langle \epsilon \rangle$ in Analogie zu (9.39) berechnet wird. Wir erhalten damit als Endergebnis die **Richardson-Formel,**

$$j_m = e\,\frac{4\pi m}{h^3}(k_B T)^2 \exp\left(-\frac{[\chi - \epsilon_F]}{k_B T}\right). \tag{9.43}$$

Zusammenfassend haben wir in diesem Kapitel das ideale Fermigas insbesondere bei niedrigen Temperaturen untersucht und die innere Energie sowie die Zustandsgleichung und die Schwankungen der mittleren Besetzungszahl berechnet. Als Beispiele wurden die spezifische Wärme von Metallelektronen bei niedrigen Temperaturen sowie die Glühemission von Elektronen aus Metallen bei endlicher Temperatur berechnet.

Das ideale Bose-Gas

10

Inhaltsverzeichnis

In diesem Kapitel werden wir das ideale Bose-Gas insbesondere bei niedrigen Temperaturen untersuchen und die Eigenschaften des Bose-Kondensats ermitteln. Wir werden die innere Energie und die spezifische Wärme berechnen und zeigen, dass die Ergebnisse mit dem dritten Hauptsatz der Thermodynamik übereinstimmen. Als Beispiele werden wir die Eigenschaften eines Photongases in einem großen Hohlraum und die Phononen in Festkörpern untersuchen.

10.1 Bose-Verteilung

Die mittlere Besetzungszahl eines Einteilchenniveaus ist für Bosonen nach (6.13)

$$\langle n_i \rangle = \frac{1}{\exp(\beta[\epsilon_i - \mu]) - 1}. \tag{10.1}$$

Da stets $\langle n_i \rangle \geq 0$ sein muß, folgt

$$\exp(\beta[\epsilon_i - \mu]) \geq 1. \tag{10.2}$$

© Der/die Autor(en), exklusiv lizenziert an Springer Nature Switzerland AG 2025
W. Cassing, *Theoretische Physik kompakt IV*,
https://doi.org/10.1007/978-3-031-96450-3_10

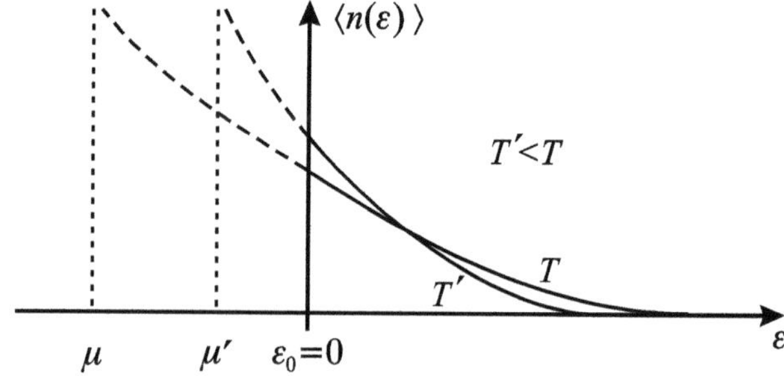

Abb. 10.1 Bose-Verteilung $n(\epsilon)$ für verschiedene Temperaturen

Wenn wir also die Skala der Einteilchenenergien so normieren, daß der unterste Zustand $\epsilon_o = 0$ hat, so muß

$$\mu \leq 0 \tag{10.3}$$

sein. Den Verlauf von $\langle n_i \rangle$ hatten wir für hohe Temperaturen (oder geringe Dichte) schon in Abschn. 6.4 diskutiert: man erhält eine exponentiell abfallende Boltzmann-Verteilung $\exp(-\beta[\epsilon_i - \mu])$. Allgemein hat $\langle n(\epsilon)\rangle$ folgenden Verlauf:

Mit abnehmender Temperatur sinkt die Besetzungszahl der energetisch höheren Zustände zugunsten der energetisch niedrigeren. Mit $T \to 0$ gehen alle Bose-Teilchen in den untersten Zustand $\epsilon_0 = 0$ über. Das chemische Potential μ muß sich dabei so verändern, daß die vorgegebene Teilchenzahl N erhalten bleibt. Für $T \to 0$ rückt μ immer mehr gegen seinen Grenzwert $\mu = 0$. Wegen der Singularität von $\langle n(\epsilon)\rangle$ für $\mu = \epsilon_0$, $T \neq 0$, die man aus (10.1) oder der Abb. 10.1 abliest, ist die Diskussion tiefer Temperaturen mit Vorsicht anzugehen. Wir werden ihn in Abschn. 10.3 diskutieren und dabei auf das Phänomen der **Bose-Einstein Kondensation** stoßen.

10.2   Schwankungen der mittleren Besetzungszahl

Wie in (9.31) bilden wir

$$(\Delta n_i)^2 = \beta^{-1}\left(\frac{\partial \langle n_i\rangle}{\partial \mu}\right) = \frac{\exp(\beta(\epsilon_i - \mu)) - 1 + 1}{(\exp(\beta(\epsilon_i - \mu)) - 1)^2} \ ; \tag{10.4}$$

mit (10.1) ergibt sich direkt

$$(\Delta n_i)^2 = \langle n_i\rangle(1 + \langle n_i\rangle). \tag{10.5}$$

Den Unterschied zum Fermi-Gas (9.32) sowie zum klassischen Grenzfall, der sich aus (9.2) zu

$$(\Delta n_i)^2 = \langle n_i\rangle \tag{10.6}$$

ergibt, wird besonders deutlich, wenn man die relative Schwankung betrachtet

$$\frac{(\Delta n_i)^2}{\langle n_i \rangle^2} = 1 + \frac{1}{\langle n_i \rangle}.$$
(10.7)

Der bemerkenswerte Punkt an (10.7) ist, daß für große Werte von $\langle n_i \rangle$ die relative Schwankung nicht wie im klassischen Fall verschwindet, sondern von der Ordnung 1 bleibt!

10.3 Bose-Einstein-Kondensation

Wir kommen nun auf das Verhalten von Bose-Systemen bei tiefen Temperaturen zurück. Um die Temperaturabhängigkeit des chemischen Potentials μ zu untersuchen, greifen wir auf die Gleichung

$$\mathcal{N} = \sum_i \langle n_i \rangle = \sum_i \frac{1}{\exp(\beta[\epsilon_i - \mu]) - 1}$$
(10.8)

zurück, welche μ bestimmt bei vorgegebenen $\mathcal{N}$ und T. Zur Auswertung von (10.8) benutzen wir das gleiche Verfahren wie für die Fermi-Statistik und die klassische Statistik; wir ersetzen (Spin $s = 0$)

$$\sum_k \cdots \to \frac{V}{(2\pi)^3} \int d^3k \cdots .$$
(10.9)

Solange nur skalare Größen interessieren, kann die Impuls-Integration durch eine Energie-Integration ersetzt werden. Wir erhalten so z. B.

$$\mathcal{N} = C \int_0^\infty \frac{\epsilon^{1/2}}{\exp\{\beta[\epsilon - \mu]\} - 1} d\epsilon$$
(10.10)

mit der Konstanten $C = 2\pi(2m/\hbar^2)^{3/2}V/(2\pi)^3$ aus (9.10). Wenn wir nun bei konstanter Dichte $\mathcal{N}/V$ die Temperatur erniedrigen, muß die (negative) Größe μ zunehmen, damit der Wert des Integrals in (10.10) konstant bleibt. Der Grenzwert $\mu = 0$ definiert dann eine kritische Temperatur T_c durch

$$\mathcal{N} = C \int_0^\infty \frac{\epsilon^{1/2}}{\exp\{\epsilon/(k_B T_c)\} - 1} d\epsilon.$$
(10.11)

Um sie zu bestimmen, führt man die dimensionslose Variable $z = \epsilon/(k_B T_c)$ ein,

$$\frac{\mathcal{N}}{V} = (k_B T_c)^{3/2} \frac{C}{V} \int_0^\infty \frac{z^{1/2}}{\exp(z) - 1} dz \sim T_c^{3/2}.$$
(10.12)

Das Integral in (10.12) hat einen endlichen Wert $\neq 0$, so daß

$$T_c = \text{const} \cdot \left(\frac{\mathcal{N}}{V}\right)^{2/3} . \tag{10.13}$$

Auf den ersten Blick ist man versucht das obige Ergebnis dahin zu interpretieren, daß man ein Bose-Gas nicht bei konstanter Dichte $\mathcal{N}/V$ auf Temperaturen $T < T_c$ abkühlen kann. Diese Überlegung ist jedoch nicht belastbar, da die durch (10.9) gewonnene Formel (10.10) nur für $T > T_c$ gültig ist: Der in der ursprünglichen Formel (10.8) divergente Term mit $\epsilon_0 = \mu = 0$ wird in (10.10) durch den Faktor $\epsilon^{1/2}$ unterdrückt. Für hohe Temperaturen sind alle Energien ϵ so gleichmäßig schwach besetzt, daß die Unterdrückung des Beitrages von $\epsilon_0 = 0$ bei der Berechnung der Gesamtteilchenzahl $\mathcal{N}$ durch (10.10) statthaft ist. Dagegen halten sich bei niedrigen Temperaturen fast alle Teilchen im Zustand mit $\epsilon_0 = 0$ auf, so daß dieser Zustand beim Übergang (10.9) separat behandelt werden muß. Also:

$$\mathcal{N} = \frac{1}{\exp(-\beta\mu) - 1} + C \int_0^\infty \frac{\epsilon^{1/2}}{\exp(\beta[\epsilon - \mu]) - 1} d\epsilon = \mathcal{N}_0 + \mathcal{N}_G \tag{10.14}$$

für $T < T_c$. Da bei niedrigen Temperaturen $T < T_c$ sehr viele Teilchen im Zustand $\epsilon_0 = 0$ sitzen, muß $-\beta\mu \approx 0$ sein. Dann kann man $\mathcal{N}_G$ approximieren durch

$$\mathcal{N}_G \approx C \int_0^\infty \frac{\epsilon^{1/2}}{\exp(\beta\epsilon) - 1} d\epsilon = C(k_B T)^{3/2} \int_0^\infty \frac{z^{1/2}}{\exp(z) - 1} dz = C' V T^{3/2} \tag{10.15}$$

mit $z := \beta\epsilon$. Unter Benutzung von (10.12) bzw. (10.13) erhält man

$$\frac{\mathcal{N}_G}{\mathcal{N}} = \left(\frac{T}{T_c}\right)^{3/2} . \tag{10.16}$$

Dementsprechend wird ($\mathcal{N}_0 = \mathcal{N} - \mathcal{N}_G$)

$$\frac{\tilde{\mathcal{N}}_0}{\tilde{\mathcal{N}}} = \frac{\mathcal{N}_0}{\mathcal{N}} = 1 - \left(\frac{T}{T_c}\right)^{3/2} . \tag{10.17}$$

Insgesamt ergibt sich folgendes Bild (siehe Abb. 10.2): Oberhalb T_c ist die Zahl der Teilchen im Zustand $\epsilon_0 = 0$ vernachlässigbar relativ zu $\mathcal{N}$; unterhalb T_c steigt $\mathcal{N}_0$ rapide an und für $T = 0$ ist $\mathcal{N}_0 = \mathcal{N}$. Diesen Prozeß der Ansammlung vieler (schließlich aller) Teilchen im Zustand $\epsilon_0 = 0$ bezeichnet man als **Bose-Einstein-Kondensation;** T_c heißt die

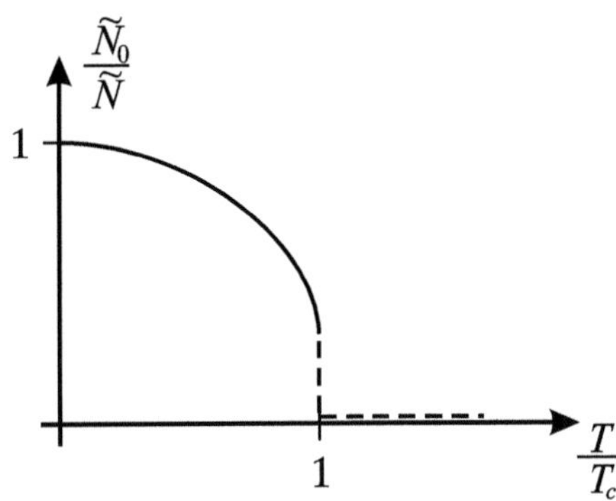

Abb. 10.2 Die relative Anzahl der Teilchen im Bose-Einstein-Kondensat als Funktion der Temperatur in Einheiten von T_c (10.17)

Kondensations-Temperatur. N_G gibt die Zahl der Teilchen in der **Gas-Phase,** N_0 die des **Kondensats** an. Bei der Benutzung des Begriffes **Kondensation** muß man sich klar machen, daß bei der Bose-Einstein-Kondensation die Teilchen **im Impulsraum** getrennt sind, während bei der gewöhnlichen Kondensation (Gas-Flüssigkeit) eine Trennung der Phasen **im Ortsraum** auftritt.

Ein konkretes **Beispiel** für diesen Effekt der Bose-Einstein-Kondensation bietet das ^4He-System, welches bei $T_c = 2.18^0 K$ einen deutlichen Phasenübergang zeigt (vgl. Abschn. 8.4). Berechnet man T_c aus (10.13), so erhält man $3.14^0 K$. Die Übereinstimmung ist erstaunlich gut, wenn man bedenkt, daß die obige Theorie alle intermolekularen Kräfte vernachlässigt!

Anmerkunge Die in (10.14) vorgenommene Aufspaltung von $\mathcal{N}$ fordert die Frage heraus, ob außer dem Zustand mit $\epsilon_0 = 0$ nicht auch noch einige höhere Zustände mit Energie ϵ_1, $\epsilon_2, \ldots \neq 0$ in gleicher Weise separat behandelt werden müssen. Dies ist nicht der Fall für $V \to \infty$, wie die folgende Überlegung zeigt. Wir betrachten als typisches Beispiel den Term

$$\frac{\langle n_1 \rangle}{V} = \frac{1}{V} \frac{g(\epsilon)}{\exp(\beta[\epsilon - \mu]) - 1} \tag{10.18}$$

mit

$$\epsilon_1 = \frac{\hbar^2 k_1^2}{2m} = \frac{\pi^2 \hbar^2}{2mL^2} = \frac{\pi^2 \hbar^2}{2m} V^{-2/3} \tag{10.19}$$

(allgemein: $\epsilon_i = \pi^2 \hbar^2 / (2mV^{2/3})(n_x^2 + n_y^2 + n_z^2); V = L^3; n_x, n_y, n_z = 0, 1, 2, ..$)

und

$$g(\epsilon_1) = (2s + 1) \cdot 3 \tag{10.20}$$

als Entartungsfaktor des ϵ_1-Zustandes. Da $e^{-\beta\mu} \geq 1$, folgt für $V \to \infty$ (d.h. $\epsilon_1 \to 0$)

$$\frac{\langle n_1 \rangle}{V} \leq \frac{1}{V} \frac{g(\epsilon_1)}{[\exp(\beta\epsilon_1) - 1]} \approx \frac{1}{V} \frac{g(\epsilon_1)}{\beta\epsilon_1} \tag{10.21}$$

$$= 3(2s + 1) \frac{2m V^{-1/3}}{(\pi^2 \hbar^2 \beta)} \to 0$$

für $\beta \to \infty$. Für makroskopische Volumen V genügt es also, allein den $\epsilon_0 = 0$ -Term gesondert zu betrachten.

10.4   Innere Energie und spezifische Wärme

Bei der Berechnung der inneren Energie U ist zu unterscheiden $T > T_c$ und $T < T_c$:

$$U = C \int_0^\infty \frac{\epsilon^{3/2}}{\exp(\beta[\epsilon - \mu]) - 1} d\epsilon \qquad \text{für } T > T_c \qquad (10.22)$$

und

$$U = C \int_0^\infty \frac{\epsilon^{3/2}}{\exp(\beta\epsilon) - 1} d\epsilon \qquad \text{für } T < T_c.$$

Für $T < T_c$ können wir (wie in Abschn. 3) dargelegt) $-\beta\mu \approx 0$ setzen, während für $T > T_c$ zu beachten ist, daß $\mu = \mu(T) \neq 0$ ist. Für Temperaturen T weit oberhalb T_c können wir die klassische Näherung benutzen mit dem aus Abschn. 6.4 schon bekannten Resultat:

$$U = \frac{3}{2} \mathcal{N} k_B T. \qquad (10.23)$$

Für $T < T_c$ können wir die Integration durchführen; aus der Substitution $z = \epsilon/k_B T$ ist sofort abzulesen, daß $U \sim T^{5/2}$ wird. Das genauere Resultat ist

$$U \approx 0{,}77 \, \mathcal{N} k_B \frac{T^{5/2}}{T_c^{3/2}}, \qquad (10.24)$$

woraus sofort

$$C_V = \frac{\partial U}{\partial T} \approx 1{,}93 \, \mathcal{N} k_B \left(\frac{T}{T_c}\right)^{3/2} \qquad (10.25)$$

folgt. U und C_V rühren nur von den Teilchen mit $k \neq 0$ her. Für C_V erhält man insgesamt folgendes Bild (Abb. 10.3) :

Eine solche Spitze zeigt auch die spezifische Wärme von ^4He bei $2{,}18^0 K$, allerdings in Form einer Singularität. Offensichtlich ist das ideale Bose-Gas ein zu einfaches Modell um ^4He bei tiefen Temperaturen zu beschreiben. Dennoch besteht kein Zweifel, daß bei dem Phasenübergang in ^4He bei $2{,}18^0 K$ die Bose-Statistik eine wichtige Rolle spielt.

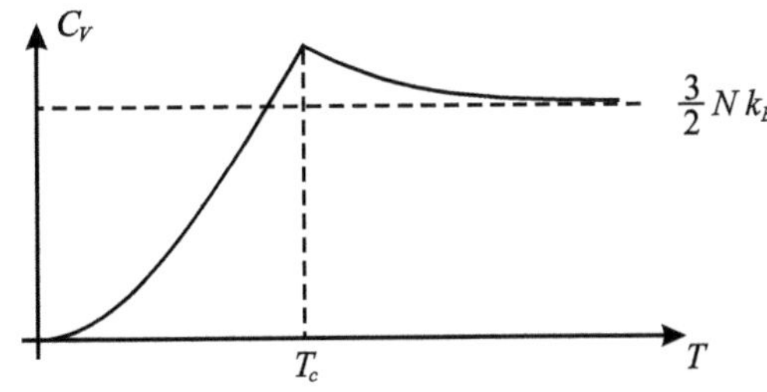

Abb. 10.3 Spezifische Wärme $C_V(T)$ für ein ideales Bosonengas als Funktion der Temperatur

10.5 Photonen

Bei Temperaturen $T \neq 0$ emittiert und absorbiert jeder Körper elektromagnetische Strahlung. In einem evakuierten Hohlraum, dessen Wände auf fester Temperatur T gehalten werden, wird sich daher ein Gleichgewicht zwischen der Strahlung im Hohlraum und den Wänden einstellen. Für einen genügend großen Hohlraum sollte die spezielle Geometrie keine Rolle spielen. Wir wählen der Einfachheit halber einen Würfel mit $V = L^3$.

Die elektromagnetische Strahlung in einem solchen Hohlraum können wir durch ein Photonen-Gas beschreiben. Die für die folgenden Betrachtungen wesentlichen Punkte seien noch einmal kurz zusammengestellt:

1. Photonen sind charakterisiert durch ihren Impuls $\hbar \mathbf{k}_\mu$, ihre Energie $\hbar \omega_\mu$ und den Polarisationszustand $j = 1, 2$. Der Zusammenhang zwischen Energie und Impuls folgt aus der Relativitätstheorie für Teilchen der Ruhemasse 0,

$$E = p \cdot c \tag{10.26}$$

oder

$$\omega_\mu = |\mathbf{k}_\mu| \cdot c. \tag{10.27}$$

Die möglichen Werte $\mathbf{k}_\mu$ sind

$$\mathbf{k}_\mu = \frac{2\pi}{L}(\mu_1, \mu_2, \mu_3); \qquad \mu_i \text{ ganze Zahl.} \tag{10.28}$$

2. Photonen haben Spin $1\hbar$ (da sie einem Vektorfeld zugeordnet sind), sind also Bosonen, was sich in den Vertauschungsregeln für Erzeugungs- und Vernichtungsoperatoren niederschlägt (siehe Quantenmechanik),

$$[b_{\mu j}, b_{\mu' j'}^{\dagger}] = \delta_{\mu\mu'}\delta_{jj'}; \tag{10.29}$$

alle restlichen Kommutatoren verschwinden. In (10.29) stehen die Indizes $j, j' = 1, 2$ für je zwei Polarisationsfreiheitsgrade der Photonen (senkrecht zur Bewegungsrichtung von $\mathbf{k}$).

3. Die Eigenzustände des Strahlungsfeldes sind charakterisiert durch die Angabe der Zahl der vorhandenen Photonen einer jeden Sorte (μ, j),

$$| \ldots n_{\mu j} \ldots \rangle. \tag{10.30}$$

Eine direkte Photon-Photon Wechselwirkung (in niedrigster Ordnung) gibt es nicht; Photonen sind unabhängige Teilchen. Die Gesamtenergie E des Strahlungsfeldes setzt sich also additiv aus den Beiträgen der einzelnen Photonen zusammen (siehe Quantenmechanik),

$$E = \sum_{\mu, j} \hbar \omega_\mu \, n_{\mu j}, \tag{10.31}$$

wenn man E relativ zur Energie des Photonen-Vakuums angibt.

Die Hohlraumstrahlung können wir nun beschreiben als eine statistische Gesamtheit von unabhängigen Bosonen (Photonen), von der wir die Temperatur T und das Volumen V kennen. Im Gegensatz zu einem gewöhnlichen Gas kennen wir die Photonenzahl weder scharf noch im Mittel. Damit hat der statistische Operator die Form

$$\rho = \exp(-\beta H_r), \tag{10.32}$$

wobei H_r der Hamiltonoperator des Strahlungsfeldes ist; bei Spurbildung ist zu summieren über alle Basiszustände des Fock-Raumes bei festem Volumen. Damit ergibt sich z. B. für die mittlere Besetzungszahl der Mode (μ, j) :

$$\langle n_{\mu j} \rangle = \frac{1}{\exp(\beta \hbar \omega_\mu) - 1}. \tag{10.33}$$

Zur Berechnung der mittleren Energie ersetzten wir, da es zwei transversale Polarisationszustände gibt $(j = 1, 2)$,

$$\sum_{\mu, j} \hbar \omega_j \ldots \to \frac{2V}{(2\pi)^3} \frac{4\pi}{c^3} \int_0^\infty \omega^2 d\omega \, \hbar \omega \ldots . \tag{10.34}$$

Im Gegensatz zu den Überlegungen unter 10.3 bedarf die Stelle $\omega = 0$ (bzw. $k = 0$) keiner Sonderbehandlung, da es unsinnig ist, von Photonen mit $\hbar \omega = 0$ und $\hbar \mathbf{k} = 0$ zu sprechen. Für die Energie folgt

$$U = V \int_0^\infty u(\omega, T)\, d\omega \tag{10.35}$$

mit der Energiedichte pro Frequenzeinheit

$$u(\omega, T) = \frac{\hbar}{\pi^2 c^3} \frac{\omega^3}{\exp(\beta \hbar \omega) - 1}. \tag{10.36}$$

Gl. (10.36) ist das **Planck'sche Strahlungsgesetz.** Für $\hbar\omega \ll k_B T$ ($\beta\hbar\omega \ll 1$) wird aus (10.36)

$$u(\omega, T) \approx \frac{\hbar}{\pi^2 c^3} \frac{\omega^3}{\beta\hbar\omega} = k_B T \frac{\omega^2}{\pi^2 c^3}; \tag{10.37}$$

dies ist das von **Rayleigh** aus dem Gleichverteilungssatz abgeleitete klassische Gesetz. Es führt in (10.35) zu der als **Ultraviolett-Katastrophe** bekannten Divergenz. Im anderen Extremfall $\hbar\omega \gg k_B T$ erhält man das (empirisch gefundene) **Gesetz von Wien,**

$$u(\omega, T) = \frac{\hbar\omega^3}{\pi^2 c^3} \exp(-\beta\hbar\omega). \tag{10.38}$$

Der Verlauf von $u(\omega, T)$ gemäß (10.36) ist in Abb. 10.4 für verschiedene Temperaturen skizziert und spiegelt das **Wien'sche Verschiebungsgesetz** wider. Das Maximum in der Energiedichte folgt aus

$$\frac{\partial u(\omega, T)}{\partial \omega} = \frac{\hbar\omega^2 (3 - \hbar\omega\beta) \exp(-\beta\hbar\omega)}{\pi^2 c^3} = 0, \tag{10.39}$$

d. h. $3k_B T = \hbar\omega_{max}$.

Abb. 10.4 Wien'sches Verschiebungsgesetz für zwei Temperaturen

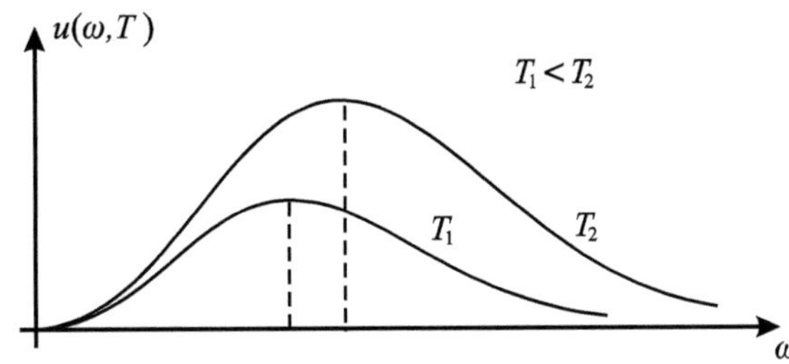

Für die totale Energiedichte schließlich wird (mit $x = \beta\hbar\omega$)

$$\frac{U}{V} = \frac{\hbar}{\pi^2 c^3} \int_0^\infty \frac{\omega^3}{\exp(\beta\hbar\omega) - 1} d\omega = \frac{(k_B T)^4}{\pi^2 c^3 \hbar^3} \int_0^\infty \frac{x^3}{\exp(x) - 1} dx \qquad (10.40)$$

$$= \frac{\pi^2 k_B^4}{15 c^3 \hbar^3} T^4 \equiv \frac{d}{30} \pi^2 T^4$$

mit $d = 2$ für zwei Polarisationsfreiheitsgrade (in natürlichen Einheiten). Gl. (10.40) wird als **Stefan-Boltzmann-Gesetz** bezeichnet.

Für die spezifische Wärme pro Volumeneinheit folgt

$$C_V \sim T^3. \qquad (10.41)$$

Der Unterschied zu (10.25) erklärt sich dadurch, daß verschiedene Energie-Impuls-Beziehungen vorliegen: $\epsilon = pc$, für Photonen aber $\epsilon = p^2/(2m)$ für nichtrelativistische Teilchen der Masse m.

10.6   Detailed Balance

Wir wollen die Prozesse, die zu dem oben vorausgesetzten Gleichgewicht der Hohlraumstrahlung und seiner Umgebung führen, etwas genauer untersuchen. Dabei genügt es, die Emission und Absorption von Photonen einer bestimmten Frequenz ω zu untersuchen. Sie entspricht der Differenz zweier Energien der Atome der den Hohlraum begrenzenden Wände:

$$\hbar\omega = E_2 - E_1. \qquad (10.42)$$

Die Zahl der Absorptionsprozesse ν_{12} pro Zeiteinheit ist

$$\frac{d\nu_{12}}{dt} = B_{12} N_1 u(\omega, T), \qquad (10.43)$$

wobei N_1 die Zahl der Atome im Zustand 1, $u(\omega, T)$ die Energiedichte der Photonen der Frequenz ω und B_{12} die Wahrscheinlichkeit für den elementaren Prozeß der Absorption ist.

Für die Zahl der Emissionsprozesse ν_{21} ist zu berücksichtigen, daß es neben der induzierten Emission (Umkehrung der durch B_{12} beschriebenen induzierten Absorption) noch die spontane Emission (aufgrund der Quantisierung) gibt. Also:

$$\frac{d v_{21}}{dt} = B_{21} N_2 u(\omega, T) + A_{21} N_2, \tag{10.44}$$

wobei B_{21} und N_2 entsprechend zu (10.43) erklärt sind und A_{21} die Wahrscheinlichkeit des elementaren Prozesses der spontanen Emission ist. Solange der Hamilton-Operator zeitumkehr-invariant ist, folgt aus der Mikro-Reversibilität

$$B_{12} = B_{21}. \tag{10.45}$$

Diese generell als **Detailed Balance** bezeichnete Aussage folgt auch direkt aus den folgenden Überlegungen.

Im thermischen Gleichgewicht muß nun gelten

$$\frac{d v_{12}}{dt} = \frac{d v_{21}}{dt} \tag{10.46}$$

oder

$$B_{12} N_1 u(\omega, T) = B_{12} N_2 u(\omega, T) + A_{21} N_2 \tag{10.47}$$

bzw.

$$\frac{N_1}{N_2} u(\omega, T) - u(\omega, T) = \frac{A_{21}}{B_{12}}.$$

Weiter ist

$$\frac{N_1}{N_2} = \frac{\exp(-\beta E_1)}{\exp(-\beta E_2)} = \exp(-\beta(E_1 - E_2)) = \exp(\beta \hbar \omega), \tag{10.48}$$

da die Atome bei der Temperatur T durch den statistischen Operator $\exp(-\beta H_0)$ beschrieben werden; H_0 sei der Hamilton-Operator der Atome. Man gelangt so zu

$$u(\omega, T) = \frac{A_{21}}{B_{21}} \frac{1}{\exp(\beta \hbar \omega) - 1}. \tag{10.49}$$

Benutzt man das für hohe Frequenzen gültige Wien'sche Gesetz aus (10.38), so erhält man für A_{21}/B_{21} (durch Vergleich der Vorfaktoren),

$$\frac{A_{21}}{B_{21}} = \frac{\hbar \omega^3}{\pi^2 c^3}, \tag{10.50}$$

und (10.49) geht in das Planck'sche Gesetz (10.36) über.

Auf den ersten Blick scheint es so, als habe man das Planck'sche Strahlungsgesetz hergeleitet ohne das Konzept der Photonen zu benutzen, d. h. im Rahmen der klassischen Strahlungstheorie. Der scheinbare Widerspruch löst sich, wenn man sich erinnert, daß die oben benutzte spontane Emission direkte Konsequenz der Quantisierung des Strahlungsfeldes ist (siehe Quantenmechanik).

Gl. (10.49) zeigt, daß das Planck'sche Gesetz materialunabhängig gilt. Die separaten Übergangswahrscheinlichkeiten A_{21} und $B_{21} = B_{12}$ hängen von der Atomsorte ab; der Quotient A_{21}/B_{21} jedoch wird unabhängig von der Atomsorte.

10.7 Phononen in Festkörpern

Die Gitterbausteine eines Festkörpers können um ihre Gleichgewichtslagen Schwingungen ausführen. Bei nicht zu hohen Temperaturen sind die Schwingungen klein, so daß anharmonische Effekte vernachlässigt werden können. Die Hamilton-Funktion des Kristalls ist dann eine quadratische Form,

$$H_{kl.} = \sum_{v=1}^{N} \frac{p_v^2}{2m_v} + \frac{1}{2} \sum_{\mu,v=1}^{N} K_{\mu v}\, q_\mu q_v. \tag{10.51}$$

Darin sind p_v, q_v die Impulse und Auslenkungen der Teilchen, m_v ihre Massen und $K_{\mu v}$ die Kraftkonstanten sowie N die Anzahl der Gitterbausteine. Durch eine lineare Transformation der p_v, q_v ist es stets möglich, die Schwingungen zu entkoppeln. Man erhält dann 3N **Normal-Schwingungen** mit Frequenzen ω_i (Genau genommen 3N-6 nach Abzug der Freiheitsgrade der Translation und Rotation; für makroskopische Systeme ist jedoch diese Korrektur vernachlässigbar). Jeder Gitterbaustein hat somit drei Schwingungsfreiheitsgrade.

Die Quantisierung eines solchen Systems entkoppelter harmonischer Oszillatoren gelingt wie im Falle des einfachen harmonischen Oszillators. Die möglichen Energien des Kristalls bei Schwingungsanregungen (pro Richtung) sind dann gegeben durch

$$E = E_0 + \sum_{i=1}^{3N} \hbar\omega_i \left(n_i + \frac{1}{2} \right). \tag{10.52}$$

Die Schwingungsquanten nennt man **Phononen;** sie sind charakterisiert durch ihre Energie $\hbar\omega_i$, den Ausbreitungsvektor $\mathbf{k}_i$, der mit ω_i durch eine **Dispersionsrelation** $\omega(k)$ verknüpft ist, und ihre Polarisation entsprechend longitudinalen und transversalen Schwingungen. In der harmonischen Näherung sind die Phononen unabhängige Teilchen, die der Bose-Statistik gehorchen.

Wir betrachten nun einen Kristall mit Volumen V und Temperatur T. Wie beim Photonengas kennen wir die Gesamtzahl der Phononen nicht (Nicht zu verwechseln mit der Zahl der Gitterbausteine N; sie bestimmt die Zahl der möglichen Frequenzen ω_i!). Also können wir sofort angeben,

$$\langle n_i \rangle = \frac{1}{\exp(\beta \hbar \omega_i) - 1},\tag{10.53}$$

für die mittlere Anzahl von Phononen vom Typ i bei gegebener Temperatur $k_B T = 1/\beta$ und gegebenem Volumen V, welches in die Bestimmung der ω_i eingeht.

Als charakteristische Eigenschaft wollen wir die **spezifische Wärme** des Kristalls berechnen. Dazu benötigen wir die innere Energie

$$U = \sum_i \hbar \omega_i \langle n_i \rangle = \sum_i \frac{\hbar \omega_i}{\exp(\beta \hbar \omega_i) - 1}.\tag{10.54}$$

Die Berechnung der Frequenzen $\omega_i = \omega_i(k_i)$ ist ein kompliziertes (nur numerisch lösbares) Problem, welches von der atomaren Struktur des Kristalls abhängt. Die Ergebnisse einer solchen Rechnung sind nicht in Form einfacher Funktionen $\omega = \omega(k)$ angebbar. Wir betrachten daher ein Modell, welches einfach genug ist um Ausdrücke wie (10.54) ausrechnen zu können und doch hinreichend realistisch bleibt. In diesem **Debye-Modell** macht man zwei Näherungen:

1. Da für makroskopische Körper die ω_i dicht beieinander liegen, ersetzt man die Summanden durch eine Integration

$$\sum_i \ldots = (2s + 1) \sum_k \ldots = (2s + 1) \frac{V}{(2\pi)^3} \int d^3k \ldots .\tag{10.55}$$

Dabei ist die Integration so zu begrenzen, daß die Zahl der Freiheitsgrade $3N$ erhalten bleibt!
2. Als Zusammenhang von ω und k nimmt man eine einfache Dispersionsrelation an,

$$\omega = c_0 k,\tag{10.56}$$

mit c_0 als Ausbreitungsgeschwindigkeit der Schwingungen im Kristall. Diese Näherung entspricht (10.27) für Photonen und ist geeignet, langwellige akustische Schwingungen in einem isotropen Medium zu beschreiben; c_0 ist dann die gewöhnliche **Schallgeschwindigkeit.**

Die für kleine k-Werte gültige Relation (10.56) benutzt man im Debye-Modell für alle Frequenzen bis zur Maximal-Frequenz ω_m, die bestimmt wird durch die feste Zahl der Freiheitsgrade (mit $(2s + 1) = 3$):

$$3\,N = \sum_i 1 = \frac{3V}{(2\pi)^3} 4\pi \int_0^{k_m} k^2 dk = \frac{V}{(2\pi^2)} k_m^3, \qquad (10.57)$$

also

$$k_m = \left(\frac{3\,N\,2\pi^2}{V}\right)^{1/3} = (6\pi^2)^{1/3} \left(\frac{N}{V}\right)^{1/3} \qquad (10.58)$$

oder

$$\omega_m = c_0 \left(6\pi^2 \frac{N}{V}\right)^{1/3}. \qquad (10.59)$$

Damit wird

$$U = \frac{3V}{(2\pi^2 c_0^3)} \int_0^{\omega_m} \omega^2 \frac{\hbar\omega}{\exp(\beta\hbar\omega) - 1} d\omega \qquad (10.60)$$

oder für die innere Energie pro Gitterbaustein (mit $t = \beta\hbar\omega$)

$$\frac{U}{N} = \frac{9(k_B T)^4}{(\hbar\omega_m)^3} \int_0^{\beta\hbar\omega_m} \frac{t^3}{\exp(t) - 1} dt. \qquad (10.61)$$

Definiert man die **Debeye-Funktion** durch

$$D(x) = \frac{1}{x^3} \int_0^x \frac{t^3}{(\exp(t) - 1)} dt, \qquad (10.62)$$

so wird

$$\frac{U}{N} = 9\,k_B T\,D\left(\frac{T_D}{T}\right) \qquad (10.63)$$

mit der durch

$$k_B T_D =: \hbar \omega_m \qquad (10.64)$$

definierten **Debeye-Temperatur** T_D. Für die Grenzfälle $T \to 0$, $T \to \infty$ lassen sich die expliziten Werte von $D(T_D/T)$ leicht angeben, und man erhält

$$\frac{U}{N} = 3\,k_B T \qquad \text{für } T \gg T_D, \qquad (10.65)$$

$$\frac{U}{N} = \frac{3}{5}\,\pi^4 k_B T \left(\frac{T}{T_D}\right)^3 \qquad \text{für } T \ll T_D. \qquad (10.66)$$

Daraus folgt für die spezifische Wärme pro Gitterbaustein

$$C_V = 3\,k_B \qquad \text{für } T \gg T_D \qquad (10.67)$$

$$C_V = \frac{12}{5}\pi^4 k_B \left(\frac{T}{T_D}\right)^3 \qquad \text{für } T \ll T_D. \qquad (10.68)$$

Dabei ist in der Praxis $T_D \sim 10^2\,K$. Bei niedrigen Temperaturen verschwindet C_V mit T^3 in Übereinstimmung mit dem 3. Hauptsatz und dem experimentellen Befund (siehe Abb. 10.5). Bei hohen Temperaturen wird das klassische Resultat (**Regel von Dulong-Petit**) mit $C_V = 3k_B$ bestätigt.

Das Debye-Modell hat sich bei einatomigen Kristallen bewährt, wenn man sehr hohe Temperaturen (in der Nähe des Schmelzpunktes) ausschließt, wo die harmonische Näherung versagt. – Schwache Anharmonizitäten kann man mit Hilfe der thermodynamischen Störungsrechnung (Abschn. 8.3) behandeln. – In mehratomigen Gittern versagt das einfache Modell, da dort zusätzlich **optische** (Dipol-) Schwingungen auftreten. **Beispiel:** Schwingungen der Na^+-Ionen gegen die Cl^- Ionen im Na Cl-Kristall.

Abb. 10.5 Spezifische Wärme $C_V(T)$ für einatomige Kristalle

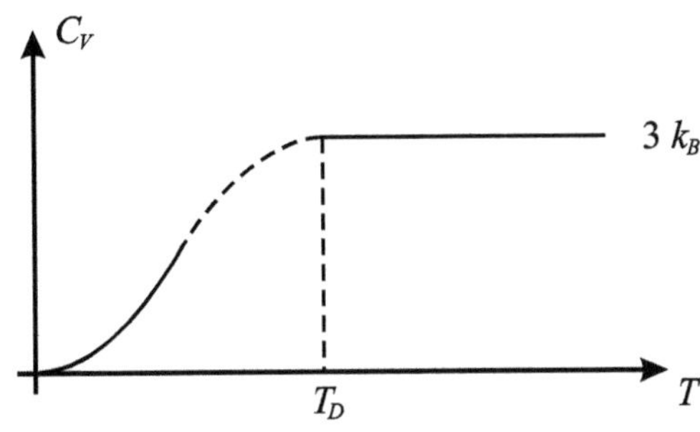

Zusammenfassend haben wir in diesem Kapitel die Eigenschaften idealer Bose-Systeme insbesondere bei niedrigen Temperaturen untersucht, wo eine Bose-Kondensation auftritt. Des Weiteren haben wir die spezifische Wärme und die innere Energie berechnet und den 3. Hauptsatz der Thermodynamik bestätigt. Als wichtiges Beispiel haben wir die Photonstrahlung in einem großen Hohlraum berechnet und das Planck'sche Strahlungsgesetz abgeleitet. Ein weiteres Beispiel behandelt Phononen in Festkörpern als quantisierte harmonische Schwingungen der Bausteine.

Reale Gase **11**

Inhaltsverzeichnis

Bisher haben wir stark verdünnte (ideale) Gase betrachtet, bei denen die Wechselwirkung zwischen den Teilchen vernachlässigt werden konnte. Im folgenden Kapitel werden wir mäßig verdünnte und wechselwirkende Gase ohne Spin behandeln, d.h. $(2s + 1) = 1$. Als wichtige Beispiele werden wir das klassische Van der Waals Gas untersuchen sowie ,Kernmaterie' als Beispiel für ein wechselwirkendes Fermi-System.

11.1 Virialentwicklung

Um Effekte der Teilchen-Wechselwirkung zu behandeln machen wir die folgende Entwicklung der großkanonischen Zustandssumme Z_g (mit $PV = -J = k_B T \ln Z_g$),

$$\ln Z_g = \frac{PV}{k_B T} = Z(1) \exp\left(\frac{\mu}{k_B T}\right) + \left(Z(2) - \frac{1}{2} Z(1)^2\right) \exp\left(\frac{2\mu}{k_B T}\right), \quad (11.1)$$

wobei $Z(1) = V/\lambda^3$ (6.27) die Zustandssumme eines Teilchens für ein nicht wechselwirkendes ideales Gas beschreibt ($\lambda = h/\sqrt{2\pi m k_B T}$). Der zweite Anteil berücksichtigt über

© Der/die Autor(en), exklusiv lizenziert an Springer Nature Switzerland AG 2025

W. Cassing, *Theoretische Physik kompakt IV*,

https://doi.org/10.1007/978-3-031-96450-3_11

$Z(2)$ die Wechselwirkung zweier Teilchen bzw. Austauschsymmetrien der Teilchen. Durch Differentiation nach μ erhalten wir die mittlere Anzahl der Teilchen

$$\mathcal{N} = \frac{1}{\beta}\frac{\partial}{\partial\mu}\ln Z_g = Z(1)\exp\left(\frac{\mu}{k_B T}\right) + 2\left(Z(2) - \frac{1}{2}Z(1)^2\right)\exp\left(\frac{2\mu}{k_B T}\right). \tag{11.2}$$

Zur iterativen Lösung von (11.2) setzen wir in Übereinstimmung mit (6.20)

$$\exp(-\alpha) = \exp\left(\frac{\mu}{k_B T}\right) = \frac{\mathcal{N}}{Z(1)} \tag{11.3}$$

im Korrekturanteil und erhalten (nach Umordnung)

$$Z(1)\exp\left(\frac{\mu}{k_B T}\right) = \mathcal{N} - 2\left(Z(2) - \frac{1}{2}Z(1)^2\right)\left(\frac{\mathcal{N}}{Z(1)}\right)^2 \tag{11.4}$$

oder, eingesetzt in (11.1)

$$\ln Z_g = \frac{PV}{k_B T} = \mathcal{N} - \left(Z(2) - \frac{1}{2}Z(1)^2\right)\left(\frac{\mathcal{N}}{Z(1)}\right)^2. \tag{11.5}$$

Gl. (11.5) ist dann die erweiterte Form der Zustandsgleichung (7.125) ($PV = Nk_B T$). Für den Druck erhalten wir damit die ersten Terme in einer Entwicklung nach Potenzen der Dichte

$$n = \frac{\mathcal{N}}{V}, \tag{11.6}$$

d. h.

$$P = nk_B T\left(1 + b(T)n + ...\right) \tag{11.7}$$

mit

$$b(T) = -\frac{V}{Z(1)^2}\left(Z(2) - \frac{1}{2}Z(1)^2\right) = -\frac{V Z(2)}{Z(1)^2} + \frac{V}{2}. \tag{11.8}$$

Die Entwicklung (11.7) wird als **Virialentwicklung** bezeichnet und $b(T)$ (11.8) als **erster Virialkoeffizient.**

Zur Berechnung von $b(T)$ benötigen wir lediglich $Z(2)$, da $Z(1) = V/\lambda^3$ (6.27) bereits bekannt ist. Da eine explizite Berechnung von $Z(2)$ im Rahmen der Vielteilchentheorie hier zu aufwändig ist, wird zunächst das Ergebnis in niedrigster (nicht verschwindender) Ordnung für Fermi/Bose Teilchen bei ‚tiefen' Temperaturen vorgestellt:

$$Z(2) \approx \frac{1}{2} \sum_{q,p} \exp\left(-\frac{p^2 + q^2}{2mk_BT}\right) \mp \frac{1}{2} \sum_{p} \exp\left(-\frac{p^2}{mk_BT}\right)$$

$$= \frac{1}{2}Z(1)^2 \mp \frac{1}{2} \sum_{p} \exp\left(-\frac{2p^2}{2mk_BT}\right)$$

$$= \frac{1}{2}Z(1)^2 \mp B(T), \tag{11.9}$$

wobei $\sum_p$ der Summe über alle diskreten Impulszustände im Volumen V entspricht. Der erste Term ist proportional zu dem Quadrat der Zustandssumme für ein freies Teilchen der Masse m ($= 1/2Z(1)^2$), während der zweite Term eine Korrektur für Fermi- (oberes − Zeichen) und Bose-Statistik (unteres + Zeichen) zweier Teilchen liefert, denn für Fermi-Teilchen darf $p = q$ in $Z(2)$ nicht vorkommen (bei gleichen anderen Quantenzahlen); bei Bose-Teilchen dagegen muß $p = q$ auftreten, aber ohne den Faktor 1/2, was den zweiten Term in (11.9) anschaulich erklärt. Die Korrekturen in $Z(2)$ enthalten daher lediglich Effekte der Fermi/Bose Statistik bei ‚tiefen' Temperaturen!

Mit (11.8) erhalten wir damit für den ersten Virialkoeffizienten ($Z(1) = V/\lambda^3$)

$$b(T) = -\frac{V}{Z(1)^2}\left(\frac{Z(1)^2}{2} \mp B(T) - \frac{Z(1)^2}{2}\right) = \pm\frac{V B(T)}{Z(1)^2}$$

$$= \pm\frac{V}{2Z(1)^2} \sum_{p} \exp\left(-\frac{p^2}{mk_BT}\right) = \pm\frac{\lambda^6}{2V} \sum_{p} \exp\left(-\frac{p^2}{mk_BT}\right). \tag{11.10}$$

Nach (11.7) erhöht sich daher der Druck P mit zunehmender Dichte n für Fermionen, während er für Bosonen mit n abnimmt. Analog Abschn. 6.4 ersetzen wir ($(2s + 1) = 1$)

$$\sum_{p} \exp\left(-\frac{p^2}{mk_BT}\right) \rightarrow \frac{4\pi V}{h^3} \int_0^\infty dp\, p^2 \exp\left(-\frac{p^2}{mk_BT}\right)$$

$$= \frac{\pi V}{h^3} \sqrt{\pi}(mk_BT)^{3/2} = \frac{V}{h^3}(\pi mk_BT)^{3/2}. \tag{11.11}$$

Setzen wir das Ergebnis aus (6.30) für λ ein, d.h. $\lambda = h/\sqrt{2\pi mk_BT}$, so entsteht

$$b(T) = \pm \frac{\lambda^6}{2V} \frac{V\sqrt{\pi m k_B T}^3}{h^3} = \pm \frac{\lambda^3}{2} 2^{-3/2} = \pm 2^{-5/2} \lambda^3 \approx \pm\, 0{,}177\, \lambda^3. \quad (11.12)$$

Da $\lambda^2 \sim 1/T$ verschwindet $b(T)$ für hohe Temperaturen wie $\sim T^{-3/2}$, wie zu erwarten. Wie bereits betont werden mit dem Ansatz (11.9) allerdings lediglich Fermi/Bose-Korrekturen des idealen klassischen Gases beschrieben, die bei ‚tiefen‘ Temperaturen (und schwachen Wechselwirkungen) von Bedeutung sind. Eine explizite Zweiteilchen-Wechselwirkung geht in (11.9) noch nicht ein!

Betrachtet man dagegen reale Gase bei nicht zu ‚tiefen‘ Temperaturen mit realistischen Wechselwirkungen, so kann man $b(T)$ in semiklassischer Näherung (in der Boltzmann Statistik) berechnen über das Phasenraumintegral

$$\begin{aligned}
Z(2) &= \frac{1}{2} \int \frac{d^3 p_1}{(2\pi)^3} \int \frac{d^3 p_2}{(2\pi)^3} \int d^3 x_1 \int d^3 x_2 \, \exp\left(-\beta \left(\frac{p_1^2 + p_2^2}{2m} + v(\mathbf{x}_1 - \mathbf{x}_2)\right)\right) \\
&= \frac{1}{2\lambda^6} \int d^3 x_1 d^3 x_2 \, \exp(-\beta v(\mathbf{x}_1 - \mathbf{x}_2)),
\end{aligned} \quad (11.13)$$

wobei $v(\mathbf{x}_1 - \mathbf{x}_2)$ die Zweiteilchen-Wechselwirkung im Ortsraum beschreibt. Die Normierung von (11.13) wird transparent für $v(\mathbf{x}_1 - \mathbf{x}_2)) = 0$, da dann gilt $Z(2) = V^2/(2\lambda^6) = 1/2 Z(1)^2$, d. h. der Virialkoeffizient $b(T)$ verschwindet nach (11.8). Die Transformation auf Schwerpunkt- ($\mathbf{R} = (\mathbf{x}_1 + \mathbf{x}_2)/2$) und Relativkoordinate ($\mathbf{r} = (\mathbf{x}_1 - \mathbf{x}_2)$) liefert

$$Z(2) = \frac{1}{2\lambda^6} \int d^3 R \int d^3 r \, \exp(-\beta v(|\mathbf{r}|)) = \frac{V}{2\lambda^6} 4\pi \int_0^\infty dr \, r^2 \, \exp(-\beta v(r)) \quad (11.14)$$

bei rotationsinvarianter Zweiteilchen-Wechselwirkung $v(r)$. Mit $V^2/\lambda^6 = Z(1)^2$ entsteht aus (11.8) ($b(T) = -V Z(2)/Z(1)^2 + V/2$)

$$\begin{aligned}
b_{kl}(T) &= -\frac{1}{2} 4\pi \int_0^\infty dr \, r^2 \, \exp(-\beta v(r)) + \frac{V}{2} \\
&= -2\pi \int_0^\infty dr \, r^2 \, (\exp(-\beta v(r)) - 1) \,.
\end{aligned} \quad (11.15)$$

Die Auswertung von (11.15) erfolgt in der Regel numerisch. Zu einer groben Abschätzung der Temperaturabhängigkeit kommen wir für ein ‚hard core‘ Potential, d. h. wir setzen

$$\exp(-\beta v(r)) - 1 \approx -1 \text{ falls } r \le c; \qquad \exp(-\beta v(r)) - 1 \approx -\beta v(r) \text{ falls } r > c, \tag{11.16}$$

wobei c den ‚hard core' Radius bezeichnet und $v(r)$ als (schwach) attraktiv für $r > c$ angenommen wird (d. h. genauer $|\beta v(r)| \ll 1$ für $r > c$). Mit der Näherung (11.16) erhalten wir

$$b_{kl}(T) = 2\pi \left(\frac{c^3}{3} + \beta \int_c^\infty dr \, r^2 v(r) \right). \tag{11.17}$$

Betrachtet man die Teilchen als harte Kugeln, so ist $c/2 = R$ der Radius eines Teilchens während $c = 2R$ den Mindestabstand der Kugeln kennzeichnet. Man schreibt (11.17) zweckmäßigerweise als

$$b_{kl} = b - \beta a = 4 \left(\frac{4\pi}{3} (\frac{c}{2})^3 \right) - \frac{a}{k_B T} = 4 V_k - \frac{a}{k_B T}. \tag{11.18}$$

In (11.18) ist $b = 4 V_k$ dann das vierfache Eigenvolumen eines Teilchens (im Falle harter Kugeln) und

$$a = -2\pi \int_c^\infty dr \, r^2 v(r), \tag{11.19}$$

ein Maß für die integrierte Wechselwirkungsstärke, das noch von der expliziten Form von $v(r)$ abhängt. Für dominant attraktive Wechselwirkungen im Bereich $r > c$ ist $a > 0$.

Eine Anwendung dieser Theorie findet man in der experimentellen Bestimmung der Potentialkurven unter der Annahme von kurzreichweitigen repulsiven und langreichweitigen attraktiven Anteilen mit wenigen freien Parametern. Häufig verwendet wird ein **Lennard-Jones Potential**

$$v(r) = 4\epsilon \left(\left(\frac{\sigma}{r} \right)^{12} - \left(\frac{\sigma}{r} \right)^5 \right). \tag{11.20}$$

Die Konstanten ϵ und σ erhält man dann durch Anpassung an die Virialkoeffizienten; die Wechselwirkungsstärke a berechnet sich zu

$$a = -4\pi\epsilon \left(\frac{2\sigma^{12}}{9c^9} - \frac{\sigma^5}{c^2} \right) \tag{11.21}$$

und hat die Dimension [Energie x Volumen].

11.2   Die Van der Waals-Gleichung

Wir werden nun eine Zustandsgleichung ableiten, die zumindest **qualitativ** den Phasen-übergang gasförmig-flüssig beschreiben kann. Dazu teilen wir wieder die Wechselwirkung auf,

$$v(r) = v_c(r) + v_a(r), \tag{11.22}$$

wobei $v_c(r) = 0$ für $r > c$ und $v_c(r) = \infty$ für $r \leq c$ wie im obigen Falle harter Kugelteil-chen; $v_a(r)$ ist dann ein schwächerer attraktiver Anteil, der in erster Ordnung Störungstheorie berücksichtigt werden kann.

Wir schreiben die freie Energie F als

$$F = F_0 + \langle V_a \rangle; \qquad \langle V_a \rangle = \frac{1}{2} \sum_{m \neq n} v_a(r_{nm}) \tag{11.23}$$

mit $r_{nm} = |\mathbf{r}_n - \mathbf{r}_m|$. In (11.23) ist F_0 die freie Energie eines Systems mit rein abstoßender Wechselwirkung (v_c). Für das ideale Gas lautet die Zustandssumme (bei N Teilchen)

$$Z_{ideal} = \frac{1}{N!} \left(\frac{V}{\lambda^3} \right)^N \approx \left(\frac{eV}{N\lambda^3} \right)^N \tag{11.24}$$

mit $N! \approx \sqrt{2\pi e}\, (N/e)^{(N+0,5)}(1 + (ne)^{-1} + (288n^2)^{-2} + \cdots) \sim (N/e)^N$ für große N. Für den Fall eines idealen, abstoßenden Gases wird ein Teil des Volumens durch die Wechselwirkung v_c eingeschränkt bzw. verboten. Wir setzen daher an:

$$\ln Z_0 \approx N \ln \left(\frac{e(V - V_0)}{N\lambda^3} \right). \tag{11.25}$$

In (11.25) ist V_0 noch eine Funktion der Dichte, deren Abhängigkeit wir für kleine Dichten N/V im Vergleich mit der Virialentwicklung bestimmen können. Wir bilden dazu (mit $F_0 = -k_B T \ln Z_0$)

$$P = -\frac{\partial F_0}{\partial V} \approx k_B T \frac{\partial}{\partial V} \ln Z_0 = N k_B T \frac{1}{V - V_0} \approx \frac{N}{V} k_B T \left(1 + \frac{V_0}{V} \right) \tag{11.26}$$

für $V \gg V_0$. Dieser Ausdruck ist zu vergleichen mit der Virialentwicklung (11.7)

$$P = \frac{N}{V} k_B T \left(1 + b(T) \frac{N}{V} + \dots \right) \tag{11.27}$$

für $b(T) = b$ im Falle der ,hard core' Wechselwirkung (siehe (11.18)). Der Vergleich für kleine Teilchendichten N/V liefert

$$V_0 = Nb, \tag{11.28}$$

d.h. das ausgeschlossene Volumen pro Teilchen $V_0/N = b$ ist gleich dem Vierfachen des Teilchenvolumes V_K. Die Relation (11.28) wird weiterhin auch bei höheren Dichten angenommen.

Zur Berechnung von $\langle V_a \rangle$,

$$\langle V_a \rangle = \frac{1}{2} \left\langle \sum_{m \neq n} v_a(|\mathbf{r}_m - \mathbf{r}_n|) \right\rangle = \frac{1}{2} \int d^3 r \, v_a(r) \left\langle \sum_{m \neq n} \delta(r - |\mathbf{r}_m - \mathbf{r}_n|) \right\rangle$$

$$= \frac{N}{2} \int d^3 r \, v_a(r) S_c(r) \tag{11.29}$$

führen wir die Korrelationsfunktion $S_c(r)$ ein durch

$$S_c(r) = \frac{1}{N} \left\langle \sum_{m \neq n} \delta(r - |\mathbf{r}_m - \mathbf{r}_n|) \right\rangle . \tag{11.30}$$

Die Korrelationsfunktion ist auf die Teilchenzahl normiert (wegen der Doppelsumme über $n \neq m$), d.h.

$$\int_0^\infty dr \, S_c(r) = N, \tag{11.31}$$

und ist proportional zur Wahrscheinlichkeit zwei Teilchen im Abstand r zu finden. In einfachster Näherung (bei kleinen Dichten) genügt es, zwei isolierte Teilchen zu betrachten. Diese Näherung liefert

$$S_C = 0 \text{ falls } r < c; \qquad S_C = \frac{N}{V} = n \text{ falls } r \geq c \tag{11.32}$$

für $V \gg V_0$. Damit ergibt sich

$$\langle V_a \rangle = \frac{N}{2} \int d^3r \, v_a(r) \, S_c(r) = \frac{N}{2} \int_{r>c} d^3r \, v_a(r) \frac{N}{V} = \frac{N^2}{2V} 4\pi \int_c^\infty dr \, r^2 \, v_a(r)$$

$$= -\frac{N^2}{V} a \tag{11.33}$$

mit a aus (11.19) in der Virialentwicklung. Damit lautet die **freie Energie** unter Berücksichtigung der Wechselwirkung $v_a(r)$

$$F = N k_B T \ln \left(\frac{\lambda^3 N}{e(V - bN)} \right) - \frac{N^2 a}{V} = -k_B T \ln Z. \tag{11.34}$$

Die Energie U ergibt sich durch Differentiation von $-\ln Z$ nach β:

$$U = -\frac{\partial}{\partial \beta} \ln Z = \frac{\partial}{\partial \beta} (\beta F) = F + \beta \frac{\partial F}{\partial \beta}$$

$$= -\frac{N^2 a}{V} + N \frac{\partial}{\partial \beta} \ln \left(\frac{\lambda^3 N}{e(V - bN)} \right) = \frac{3}{2} N k_B T - \frac{N^2 a}{V} \tag{11.35}$$

mit $\partial \lambda / \partial \beta = \lambda / (2\beta)$ oder

$$\frac{U}{N} = \frac{3}{2} k_B T - \frac{N}{V} a.$$

Die **Van-der-Waals Gleichung** resultiert aus der Differentiation von $-F$ nach V:

$$P = -\frac{\partial F}{\partial V} = \frac{N k_B T}{V - Nb} - \frac{N^2 a}{V^2} \approx \frac{N}{V} k_B T \left(1 + \frac{N}{V} b \right) - \frac{N^2 a}{V^2} \tag{11.36}$$

oder

$$P \approx n k_B T + k_B T n^2 b - n^2 a = n k_B T + n^2 (k_B T b - a)$$

mit $n = N/V$. Die obige Näherung verdeutlicht, daßmit zunehmender Temperatur das endliche Eigenvolumen zu einer effektiv stärkeren repulsiven Wechselwirkung führt.

Zur Diskussion der Zustandsgleichung (11.36) betrachtet man zweckmäßigerweise das Verhalten von Isothermen (T=const). Extremwerte folgen aus (N, T fest)

$$P'_V(T) := \left(\frac{\partial P}{\partial V}\right)_T = -\frac{Nk_BT}{(V-bN)^2} + \frac{2aN^2}{V^3} = 0. \qquad (11.37)$$

Die explizite Lösung der Gl. (11.37) zeigt zwei Nullstellen für Temperaturen unterhalb einer kritischen Temperatur T_c. Bei der **kritischen Temperatur**

$$k_B T_c = \frac{8a}{27b} \qquad (11.38)$$

fallen beide Extrema zusammen. Das entsprechende **kritische Volumen** ergibt sich zu

$$V_c = 3bN \text{ bzw. } \frac{V_c}{N} = 3b =: n_c^{-1}. \qquad (11.39)$$

Für den **kritischen Druck** erhält man mit (11.38), (11.39) und (11.36)

$$P_c = \frac{N8a/(27b)}{2bN} - \frac{aN^2}{9b^2N^2} = \left(\frac{4}{27} - \frac{1}{9}\right)\frac{a}{b^2} = \frac{a}{27b^2}. \qquad (11.40)$$

Alle kritischen Größen sind durch die universale Relation

$$\frac{Nk_BT_c}{P_cV_c} = \frac{8}{3} \qquad (11.41)$$

miteinander verknüpft, wie man durch Einsetzen verifiziert.

11.3 Kondensation

Abb. 11.1 zeigt ein typisches $P - V$ Diagramm für ein Van der Waals System bei verschiedenen Temperaturen unterhalb und oberhalb von T_c; die rote Linie bezeichnet die Isotherme für die kritische Temperatur T_c. Oberhalb der kritischen Isotherme ist das System immer in der Gas-Phase während unterhalb der kritischen Isotherme ein Gemisch aus Gas und Flssigkeit in einem begrenzten Volumenbereich auftreten kann.

Abb. 11.1 Ein typisches
$P - V$ Diagramm für ein Van
der Waals System bei
verschiedenen Temperaturen
unterhalb und oberhalb von T_c;
die rote Linie bezeichnet die
Isotherme für die kritische
Temperatur T_c

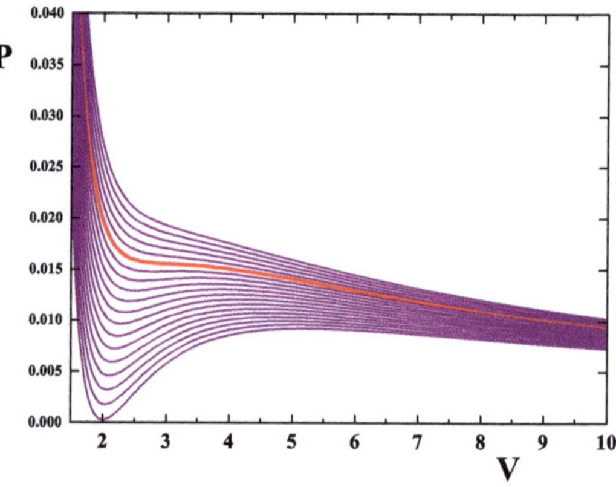

Um das Verhalten der Isotherme für $T < T_c$ genauer zu untersuchen zeigen wir in
Abb. 11.2 ein $P - V$ Diagramm für ein Van der Waals System für $T < T_c$, welches ein
Minimum im Punkt B und ein Maximum im Punkt C hat. Der Ast $B - C$ ist unphysikalisch,
da hier

$$\left(\frac{\partial P}{\partial V}\right)_T > 0 \tag{11.42}$$

ist, was einem instabilen Zustand entspricht. Die korrekte Kurve ist dagegen durch eine
Konstante (im Druck) gegeben, d.h. $\partial P/\partial V = 0$, und beschreibt einen Phasenübergang
flüssig – gasförmig. Die – noch zu bestimmende – Konstante entspricht dem Dampfdruck
$P(T)$, bei dem beide Phasen koexistieren können. Entlang der Geraden $A - D$ muß dann
im Phasengleichgewicht gelten

$$\mu_1 = \mu_2. \tag{11.43}$$

Wegen

$$\mu N = G = F + PV \tag{11.44}$$

Abb. 11.2 Illustration eines
(isothermen) P-V Diagrammes
für ein Van-der-Waals System
bei $T < T_c$ mit zwei Extrema
in den Punkten B und C

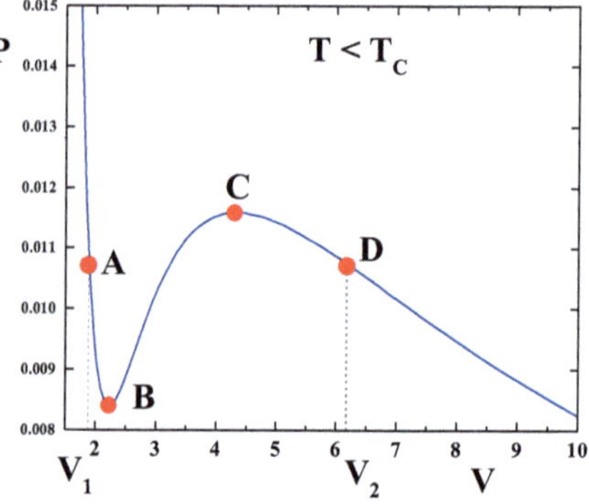

Abb. 11.3 Illustration der
Maxwell Konstruktion:
Gl. (11.45) besagt, daß die
(grünen) Flächen unterhalb der
Geraden $A - D$ und oberhalb
der Geraden $A - D$ identisch
sein müssen, d. h. der
(konstante) Druck P muß
(11.46) erfüllen bei konstanter
Temperatur T

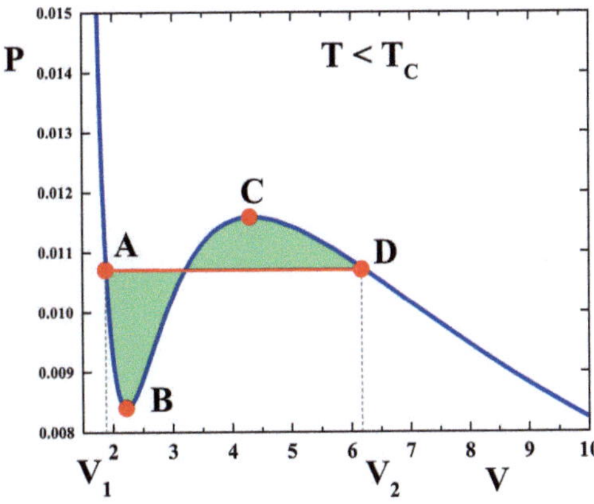

gilt dann $F_1 + P V_1 = F_2 + P V_2$ oder

$$P(V_2 - V_1) = -(F_2 - F_1) = -\int_{F_1}^{F_2} dF$$

$$= -\int_{V_1}^{V_2} \left(\frac{\partial F}{\partial V}\right)_T dV = \int_{V_1}^{V_2} P(V)_T \, dV, \qquad (11.45)$$

wobei (11.36) für $P(V)_T$ einzusetzen ist. Bei der Integration über die Gerade $(A - D)$
müssen folglich die (grünen) Flächen in Abb. 11.3 gleich groß sein (**Maxwell Konstruktion**), d. h. der konstante Druck P (im Phasengleichgewicht) muß

$$P = \frac{1}{V_2 - V_1} \int_{V_1}^{V_2} P(V)_T \, dV \qquad (11.46)$$

erfüllen.

Die Van-der Waals-Gleichung – sowie die obige Diskussion – impliziert, daß die Wechselwirkungsstärke $a > 0$ sein muß, d. h. daß die Wechselwirkung für $r > c$ vorwiegend
attraktiv sein muß. Diese Voraussetzung ist für die meisten atomaren und molekularen Gase
erfüllt, so daß bei ‚allen‘ diesen Systemen ein Phasenübergang ‚gasförmig ↔ flüssig‘ bei
hinreichend niedrigen Temperaturen auftritt.

11.4 Kernmaterie

Ein einfaches Beispiel für ein wechselwirkendes Fermigas ist das folgende Modell (mit
effektiver zwei- und drei-Teilchenwechselwirkung). Als ‚Kernmaterie‘ versteht man z. B.
das Innere eines ^{208}Pb-Kerns mit konstanter Nukleonendichte (Protonen und Neutronen)

von $\rho_0 \approx 0{,}16 \, \text{fm}^{-3}$ und Bindungsenergie pro Teilchen $E_B/N \approx -16 \, \text{MeV}$. Die Nukleonendichte $\rho = N/V$ ist dann für ein Fermigas bei der Temperatur $T = 0$ gegeben durch

$$\rho = \frac{g}{6\pi^2} k_F^3 \tag{11.47}$$

mit dem Entartungsgrad $g = 4$ für 2 Spin-Einstellungen und 2 Isospin-Komponenten und dem Fermi-Impuls

$$P_F = \hbar k_F = \hbar \left(\frac{6\pi^2}{g} \rho \right)^{1/3}. \tag{11.48}$$

Setzt man $\rho = \rho_0$ so liefert (11.48) $k_F \approx 1{,}33 \, \text{fm}^{-1}$ bzw. $P_F \approx 263 \, \text{MeV/c}$. Die Fermi-Energie berechnet sich zu $\epsilon_F = P_F^2/(2m) \approx 36 \, \text{MeV}$ (mit $mc^2 \approx 938 \, \text{MeV}$), so daß Atomkerne bei Zimmertemperatur ($k_B T \approx 1/40 eV$) immer im Grundzustand sind. Die mittlere kinetische Energie pro Teilchen ist

$$\frac{\langle T_{kin} \rangle}{N} = \frac{3}{5} \epsilon_F. \tag{11.49}$$

Die kinetische Energie pro Teilchen kann mit (11.47) und (11.48) auch als Funktion der Dichte geschrieben werden,

$$\frac{\langle T_{kin} \rangle}{N} = \frac{3}{5} \frac{\hbar^2 c^2}{2mc^2} \left(\frac{6\pi^2}{g} \rho \right)^{2/3} = \frac{3\hbar^2 c^2}{10 mc^2} \left(\frac{6\pi^2}{g} \right)^{2/3} \rho^{2/3} = C_T \rho^{2/3}. \tag{11.50}$$

Die kinetische Energiedichte $\langle T_{kin} \rangle / V$ ergibt sich durch Multiplikation von (11.50) mit $N/V = \rho$,

$$\frac{\langle T_{kin} \rangle}{V} = C_T \rho^{5/3}. \tag{11.51}$$

Allerdings ist das reine Fermigas aufgrund des Pauli-Druckes ungebunden und man muß eine effektive Wechselwirkung einführen um Kernmaterie in einen gebundenen Zustand zu überführen. Eine einfache Variante besteht in der Annahme kurzreichweitiger 2- und 3-Teilchen Wechselwirkungen $\sim \delta^3(\mathbf{r} - \mathbf{r}')$, so daßsich die gesammte Energiedichte schreiben läßt als

$$\frac{\langle H \rangle}{V}(\rho) = C_T \rho^{5/3} - \frac{V_2}{2}\rho^2 + \frac{V_3}{3}\rho^3 \tag{11.52}$$

mit den Parametern V_2 für eine attraktive potentielle Energiedichte (2-Teilchen-Wechselwirkung) und V_3 für eine repulsive potentielle Energiedichte (3-Teilchen-Wechselwirkung). Dieses Energiefunktional liefert für das **mittlere Feld der Nukleonen**

$$U_H(\rho) = \frac{\partial}{\partial\rho}\frac{\langle V_{pot}\rangle}{V}(\rho) = -V_2\rho + V_3\rho^2 \tag{11.53}$$

als Ableitung der potentiellen Energiedichte nach ρ. Die Energie pro Teilchen lautet (nach Division durch ρ)

$$\frac{\langle H \rangle}{N}(\rho) = C_T \rho^{2/3} - \frac{V_2}{2}\rho + \frac{V_3}{3}\rho^2 = \frac{E_B}{N}. \tag{11.54}$$

Die Bestimmung der Parameter V_2 und V_3 erfolgt aus der Forderung, daß (11.54) ein Minimum für $\rho = \rho_0$ hat,

$$\frac{d}{d\rho}\frac{\langle H \rangle}{N}\Big|_{\rho_0} = \frac{2C_T}{3}\rho_0^{-1/3} - \frac{V_2}{2} + \frac{2V_3}{3}\rho_0 = 0 \tag{11.55}$$

sowie die Bindungsenergie pro Teilchen ($-16\,\mathrm{MeV}$) beträgt,

$$\frac{\langle H \rangle}{N}\Big|_{\rho_0} = C_T \rho_0^{2/3} - \frac{V_2}{2}\rho_0 + \frac{V_3}{3}\rho_0^2 = -16\,\mathrm{MeV}. \tag{11.56}$$

Aus den Gl. (11.55) und (11.56) lassen sich nun die Parameter numerisch bestimmen zu $V_2 \approx 765\,\mathrm{MeV}\,\mathrm{fm}^3$ und $V_3 \approx 2782\,\mathrm{MeV}\,\mathrm{fm}^6$, womit die Bindungsenergie pro Teilchen (11.54) und damit die Zustandsgleichung (Equation of State – EoS) der symmetrischen Kernmaterie modellhaft bestimmt ist. Wie Abb. 11.4 zeigt, ergibt sich das Minimum der Bindungsenergie aus der Kompensation von kinetischer Energie sowie den attraktiven und repulsiven Anteilen der Wechselwirkung in (11.52). Da bei der Sättigungsdichte $\rho = \rho_0$ der Betrag der (negativen) potentiellen Energie pro Nukleon größer ist als die kinetische Energie pro Nukleon,

$$\frac{\langle T_{kin}\rangle}{\langle |V|\rangle} < 1, \tag{11.57}$$

kann Kernmaterie im Grundzustand als **Flüssigkeit** betrachtet werden.

Eine charakterische Größe für die Zustandsgleichung von Kernmaterie ist die **Inkompressibilität** definiert über

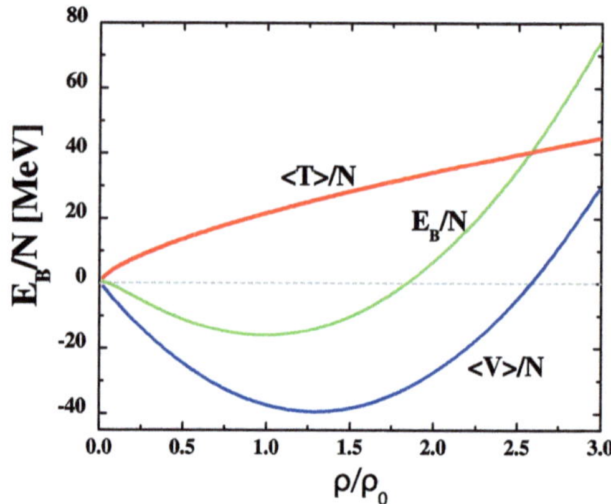

Abb. 11.4 Bindungsenergie pro Nukleon als Funktion der Dichte ρ (in Einheiten von ρ_0). Die kinetische Energie pro Nukleon und die potentielle Energie pro Nukleon sind durch den roten bzw. blauen Graphen dargestellt

$$K = 9\rho_0^2 \left(\frac{d^2}{d\rho^2} \frac{\langle H \rangle}{N} \right) |_{\rho_0} \approx 385\,\mathrm{MeV}. \tag{11.58}$$

Dieser Wert ist etwas hoch im Vergleich zum aktuellen experimentellen Kenntnisstand, jedoch eine direkte Folge des einfachen Funktionales (11.52).

Mit der Festlegung der Wechselwirkung läßt sich die nukleare Zustandsgleichung weiterhin bei endlicher Temperatur (numerisch) berechnen, wobei zunächst die Dichte als Funktion der Temperatur T und des chemischen Potentials μ bestimmt wird über

$$\rho(T, \mu) = \frac{2}{\pi^2} \frac{1}{\hbar^3 c^3} \int_0^\infty dp\, p^2 \frac{1}{(\exp((\epsilon(p) - \mu)/(k_B T)) + 1)} \tag{11.59}$$

mit $\epsilon(p) = p^2/(2m)$. Die kinetische Energiedichte ergibt sich zu

$$\frac{\langle T_{kin} \rangle}{V}(T, \mu) = \frac{2}{\pi^2} \frac{1}{\hbar^3 c^3} \int_0^\infty p^2 dp \frac{\epsilon(p)}{(\exp((\epsilon(p) - \mu)/(k_B T)) + 1)}. \tag{11.60}$$

Unter der Annnahme, daß die potentielle Energiedichte nur von ρ und nicht explizit von T oder μ abhängt, erhalten wir für die gesammte Energiedichte

$$\frac{\langle H \rangle}{V}(T, \mu) = \frac{\langle T_{kin} \rangle}{V}(T, \mu) - \frac{V_2}{2} \rho(T, \mu)^2 + \frac{V_3}{3} \rho(T, \mu)^3 \tag{11.61}$$

sowie die Bindungsenergie pro Teilchen

Abb. 11.5 Bindungsenergie pro Nukleon als Funktion der Dichte ρ (in Einheiten von ρ_0) für verschiedene Temperaturen T (in MeV). Bei einer Temperatur von $T \approx 20$ MeV ist ein Phasenübergang 1. Ordnung ersichtlich, d. h. für $E_B/N \approx 0$

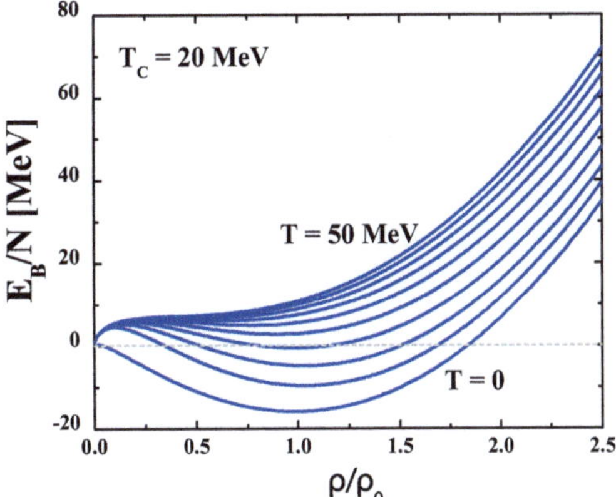

$$\frac{E_B}{N}(T,\mu) = \frac{\langle H \rangle}{N}(T,\mu) = \frac{\langle T_{kin} \rangle}{V\rho(T,\mu)}(T,\mu) - \frac{V_2}{2}\rho(T,\mu) + \frac{V_3}{3}\rho(T,\mu)^2.$$

$$(11.62)$$

Wie Abb. 11.5 zeigt, wird das Minimum in der Bindungsenergie pro Teilchen mit zunehmender Temperatur T immer flacher bis zu einer kritischen Temperatur $T_c \approx 20$ MeV, oberhalb derer $E_B/N \geq 0$ wird. Ein Bindungszustand von Kernmaterie ist dann thermodynamisch nicht mehr gegenüber einem freien Nukleonengas (mit $\rho = 0$) bevorzugt. Der Phasenübergang ‚flüssig – gasförmig' bei T_c ist von 1. Ordnung, da zwischen den Minima bei $\rho = 0$ und endlichem ρ ein positives Maximum in E_B/N existiert.

Bemerkung Das hier vorgestellte einfache Modell liefert lediglich qualitativ die Eigenschaften von symmetrischer Kernmaterie, so daß die expliziten charakteristischen Größen nicht mit ‚realistischen' Werten zu identifizieren sind.

Zusammenfassend haben wir in diesem Kapitel den Rahmen für die Beschreibung realer wechselwirkender Systeme mittels der Virialentwicklung vorgestellt und klassische Van-der-Waals-Systeme sowie ‚Kernmaterie' als Beispiel für ein wechselwirkendes Fermi-System diskutiert. Es wurde festgestellt, daß beide Systeme einen flüssig-gasförmigen Phasenübergang 1. Ordnung zeigen.

Magnetische und elektrische Eigenschaften der Materie   12

Inhaltsverzeichnis

In diesem Kapitel werden wir die Reaktion von Materie auf äußere Störungen durch elektromagnetische Felder diskutieren und die Eigenschaften der Materie im Grenzfall schwacher und starker Felder aufzeigen.

Bringt man Materie in ein magnetisches (elektrisches) Feld, so entsteht eine makroskopische Magnetisierung (Polarisation). Dabei spielen die beiden folgenden Effekte eine gegenläufige Rolle:

1. Schon vorhandene Dipolmomente (permanente Dipolmomente) werden im äußeren Feld ausgerichtet. Dies führt zum temperaturabhängigen **Paramagnetismus** bzw. dem entsprechenden elektrischen Analogon, der **Orientierungspolarisation.**
2. Äußere Felder können Diplomomente induzieren: Ein elektrisches Feld kann die Schwerpunkte positiver und negativer Ladungen in Atomen und Molekülen gegeneinander verschieben und so elektrische Dipole erzeugen (oder verändern). Magnetische Felder ändern die Elektronenzustände, insbesondere den Bahndrehungsimpuls; damit verknüpft ist eine Änderung der atomaren magnetischen Momente: **Diamagnetismus.**

In der Praxis treten beide Phänomene simultan auf; die Aussage, eine Substanz sei paramagnetisch, besagt also, daß der Paramagnetismus den Diamagnetismus überdeckt.

© Der/die Autor(en), exklusiv lizenziert an Springer Nature Switzerland AG 2025   155
W. Cassing, *Theoretische Physik kompakt IV*,
https://doi.org/10.1007/978-3-031-96450-3_12

Das an einem atomaren Moment angreifende Feld setzt sich zusammen aus dem **äußeren Feld** und dem von den **atomaren Momenten** der Umgebung **erzeugten Feld.** Wir werden im Folgenden den zweiten Anteil vernachlässigen; dies ist z. B. für die Behandlung des Paramagnetismus von Gasen legitim im Gegensatz zum **Ferromagnetismus,** wo gerade der zweite Anteil essentiell ist.

Wir wollen im Folgenden einige einfache Fälle untersuchen und dabei zeitlich und räumlich konstante Felder voraussetzen.

12.1 Definitionen

Als Betrag der **Magnetisierung** M definieren wir (die Feldstärke **B** ist hier als klassische Größe zu verstehen)

$$M = |\vec{M}| = -\left\langle \frac{\partial H}{\partial B} \right\rangle, \tag{12.1}$$

wobei B der Betrag des Magnetfeldes ist und H der Hamilton-Operator des Systems bei Anwesenheit des äußeren Feldes. Eine solche Definition ist plausibel, da $-\vec{\mu} \cdot \mathbf{B}$ die Energie eines magnetischen Moments $\vec{\mu}$ im Feld **B** darstellt. Entsprechend hat man

$$P =: -\left\langle \frac{\partial H}{\partial E} \right\rangle \tag{12.2}$$

für den Betrag der Polarisation; E ist dabei der Betrag des elektrischen Feldes **E**.

12.2 Theorem von Bohr-van Leeuwen

Im Rahmen einer streng klassischen Theorie ist die Magnetisierung stets null.

Der Beweis für dieses Theorem ist äußerst einfach: Da es in der klassischen Physik keinen Spin gibt, ist das Magnetfeld in $H_{kl.}$ nur in der Form

$$\sum_i \frac{1}{2m_i} \left(\mathbf{p}_i - \frac{e}{c} \mathbf{A}(\mathbf{r}_i; t) \right)^2 \tag{12.3}$$

vertreten. Die mit $H_{kl.}$ gebildete Zustandssumme $Z_{g,kl.}$ ist aber gegen die Transformation

$$\mathbf{p}_i \rightarrow \mathbf{p}_i - \frac{e}{c}\,\mathbf{A}(\mathbf{r}_i) \qquad (12.4)$$

invariant, da die klassische Verteilungsfunktion $\rho_{kl.}$ für die kanonische Gesamtheit auch nur über $H_{kl.}$ vom Magnetfeld abhängt.

Magnetismus ist also ein typisch quantenmechanisches Phänomen.

12.3 Paramagnetismus

Um den Paramagnetismus in Reinkultur untersuchen zu können, betrachten wir ein System von N lokalisierten magnetischen Momenten in einem äußeren Feld

$$\mathbf{B} = (0, 0, B). \qquad (12.5)$$

Dabei rühren die magnetischen Momente vom Spin der betrachteten Teilchen her, z. B. von Atomen oder Atomkernen mit Gesamtdrehimpuls $J \neq 0$.

Der Hamilton-Operator eines solchen Systems hat dann die einfache Form (Wechselwirkungen zwischen den einzelnen Spins seien vernachlässigt):

$$H = -\mu_B g\,\mathbf{J}\cdot\mathbf{B} = -\mu_B g\,B\,J_z \qquad (12.6)$$

mit

$$\mu_B = \frac{e\hbar}{2mc} = \frac{e\hbar c}{2mc^2}, \qquad (12.7)$$

wobei m die Elektronen- oder Nukleonenmasse ist, g der gyromagnetische Faktor ($= 2$ für Elektronen-Spins) und

$$\mathbf{J} = \sum_{i=1}^{N} \mathbf{j}_i \qquad (12.8)$$

der Gesamtdrehimpuls des Systems (in Einheiten von $\hbar$). Die möglichen Energien des Systems sind

$$E_{mJ} = -\mu_B g\,B\,m_J \qquad (12.9)$$

bei

$$m_J = -J, -J+1, \ldots\ldots, +J. \qquad (12.10)$$

Bei gegebener Temperatur T ist der statistische Operator (kanonische Gesamtheit)

$$\rho = \rho_k = \frac{\exp(-\beta H)}{Sp(\exp(-\beta H))} \tag{12.11}$$

und es wird, da $\langle H \rangle$ sich additiv aus den Beiträgen der einzelnen Momente zusammensetzt:

$$\langle H \rangle = -K \, N \sum_m m \, \frac{\exp(\beta K m)}{\sum_m \exp(\beta K m)} \tag{12.12}$$

mit der Abkürzung

$$K := \mu_B g \, B, \tag{12.13}$$

und

$$m = -j, -j+1, ..., +j \tag{12.14}$$

wenn j der Spin der einzelnen Teilchen ist. Aus (12.12) folgt mit (12.1)

$$M = \mu_B g \, N \sum_m m \, \frac{\exp(\beta K m)}{\sum_n \exp(\beta K n)}, \tag{12.15}$$

also gerade der Mittelwert des Operators

$$M_z = \mu_B g \, J_z \tag{12.16}$$

wie zu erwarten.

Die Summation in (12.15) kann direkt ausgeführt werden. Mit der Abkürzung

$$\eta := \beta K = \frac{\mu_B g \, B}{k_B T} \tag{12.17}$$

wird zunächst (geometrische Reihen!)

$$\sum_{m=-j}^{j} (\exp \eta)^m = \sum_m \exp(\eta m) = \frac{[\exp(-\eta j) - \exp\{\eta(j+1)\}]}{1 - \exp(\eta)} \tag{12.18}$$

oder symmetrischer

$$\sum_{m=-j}^{j} \exp(\eta)^m = \frac{[\exp(-\eta j) - \exp\{\eta(j+1)\}]}{1 - \exp(\eta)} \frac{\exp(-\eta/2)}{\exp(-\eta/2)} = \frac{\sinh[(j+1/2)\eta]}{\sinh(1/2\eta)}. \tag{12.19}$$

Schreibt man die Zustandssumme (für N Teilchen) als

$$Z_k = \left(\sum_m \exp(\eta m) \right)^N , \tag{12.20}$$

so wird

$$\ln Z_k = N\{\ln[\sinh((j + 1/2)\eta)] - \ln[\sinh(1/2\eta)]\}. \tag{12.21}$$

Daraus erhält man mit

$$M = k_B T \, \frac{\partial \ln Z_k}{\partial B} = -\frac{\partial \langle H \rangle}{\partial B} \tag{12.22}$$

schließlich durch Differentiation von (12.21) (mit $\partial\eta/\partial B = \beta\mu_B g$)

$$
\begin{aligned}
M &= N\,\mu_B g \left\{ \left(j + \tfrac{1}{2}\right) \coth\left(\left[j + \tfrac{1}{2}\right]\eta\right) - \tfrac{1}{2}\coth\left(\tfrac{1}{2}\,\eta\right) \right\} \\
&= N\,\mu_B g \, j \, B_j(\eta),
\end{aligned} \tag{12.23}
$$

wenn man die **Brillouin-Funktion**

$$B_j(\eta) =: \frac{1}{j}\left\{ \left(j + \tfrac{1}{2}\right) \coth\left(\left[j + \tfrac{1}{2}\right]\eta\right) - \tfrac{1}{2}\coth\left(\tfrac{1}{2}\,\eta\right) \right\} \tag{12.24}$$

einführt.

Wir diskutieren für das Verständnis des Verlaufs von $B_j(\eta)$ die Grenzfälle $\eta \gg 1$ und $\eta \ll 1$.

1. $\eta \gg 1$: Starke Felder/niedrige Temperaturen; da

$$\coth(x) \to 1 \quad \text{für} \quad x \to \infty \tag{12.25}$$

wird

$$B_j(\eta) \to \frac{1}{j}\left\{ \left(j + \tfrac{1}{2}\right) - \tfrac{1}{2} \right\} = 1 \tag{12.26}$$

für $\eta \to \infty$. Entsprechend wird

$$M = N\,\mu_B g\,j. \tag{12.27}$$

Alle elementaren Momente sind in Feldrichtung ausgerichtet; M nimmt seinen Maximalwert an.

2. $\eta \ll 1$: **Schwache Felder/hohe Temperaturen.** Benutzt man

$$\coth(x) \approx \frac{1}{x} + \frac{1}{3}\,x \ \text{ für } \ x \ll 1, \tag{12.28}$$

so wird

$$B_j(\eta) \approx \frac{(j+1)}{3}\,\eta, \tag{12.29}$$

also

$$M = \chi\,B \tag{12.30}$$

mit der magnetischen **Suszeptibilität**

$$\chi = N\frac{g^2\mu_B^2\,j(j+1)}{3k_B T} = \frac{\xi}{T}. \tag{12.31}$$

Gl. (12.31) ist das **Curie'sche Gesetz.**

12.4   Klassische Theorie des Paramagnetismus

Permanente magnetische Momente können klassisch jede beliebige Orientierung zu einem äußeren Magnetfeld einnehmen. Der Mittelwert des magnetischen Moments einer Substanz kann daher durch Mittelung über alle möglichen Richtungen berechnet werden,

$$M_{kl.} = N\frac{\int_{-1}^{1} d(\cos\vartheta)\mu_0 \cos\vartheta \ \exp(\beta\mu_0 B\cos\vartheta)}{\int_{-1}^{1} d(\cos\vartheta)\exp(\beta\mu_0 B\cos\vartheta)}. \tag{12.32}$$

Dabei ist ϑ der Winkel zwischen $\mathbf{B}$ und $\vec{\mu}$; $-\vec{\mu} \cdot \mathbf{B} = -\mu_0 B \cos\vartheta$ ist die Energie des Moments $\vec{\mu}$ im Magnetfeld $\mathbf{B}$; jedes Moment liefert im Mittel den gleichen Beitrag, daher der Faktor N. Die Integrale in (12.32) sind elementar lösbar, das Resultat ist:

$$M_{kl.} = N\mu_0 \left\{ \coth(\beta\mu_0 B) - \frac{1}{\beta\mu_0 B} \right\}. \qquad (12.33)$$

Zum gleichen Ergebnis gelangt man, wenn man in (12.23) bei der Identifikation

$$\mu_0 \equiv \mu_B g\, j \qquad (12.34)$$

den Grenzfall $j \to \infty$ untersucht. Dies ist plausibel, da mit wachsendem j die Zahl der magnetischen Zustände zunimmt, von denen jeder einer bestimmten klassischen Orientierung entspricht.

Entsprechend (12.32) kann man die Polarisation eines Dielektrikums berechnen. Für den Mittelwert des elektrischen Dipolmoments $\mathbf{P}$ im Feld $\mathbf{E}$ erhält man

$$P_{kl.} = N\, P_0 \left\{ \coth(\beta P_0 E) - \frac{1}{\beta P_0 E} \right\}. \qquad (12.35)$$

Dabei ist P_0 der Betrag des elementaren Dipolmoments.

12.5 Magnetische Kühlung

Aus (12.21) läßt sich über (7.30) die Entropie des betrachteten Spin-Systems berechnen. Das Resultat ist in Abb. 12.1 qualitativ dargestellt:

Die wesentlichen Punkte sind auch ohne Rechnung klar: nach dem 3. Hauptsatz gilt $S \to 0$ für $T \to 0$ unabhängig davon, welche Werte andere Parameter annehmen, von denen S abhängt, z.B. das Magnetfeld $\mathbf{B}$; nach unserer statistischen Einführung der Entropie ist klar, daß bei sonst gleichen Parametern S mit wachsender Feldstärke B abnimmt.

An dem Diagramm (siehe Abb. 12.1) kann man das Prinzip des Verfahrens zur Erzeugung tiefer Temperaturen durch adiabatische Entmagnetisierung ablesen: Man schaltet zunächst ein Magnetfeld isotherm ein; durch adiabatisches Ausschalten ($S = $const.) erreicht man dann eine Temperaturerniedrigung, die umso größer ist, je größer das Magnetfeld war. Wie in Abschn. 7.9 sieht man, daß der absolute Nullpunkt mit endlich vielen solchen Schritten nicht zu erreichen ist.

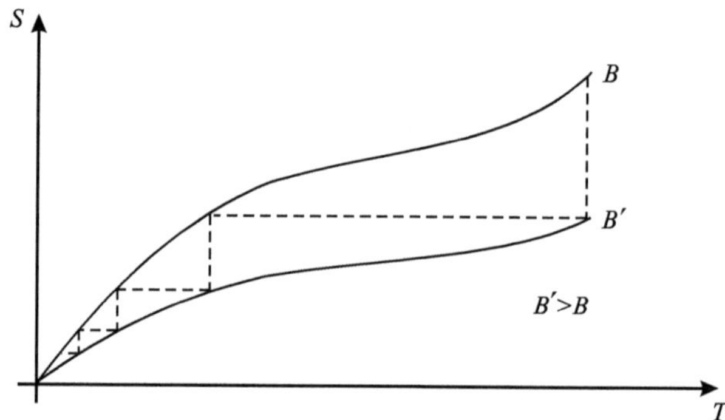

Abb. 12.1 Beispiel für die magnetische Kühlung durch adiabatisches Abschalten und isothermes Einschalten eines Magnetfeldes B

12.6   Negative Temperaturen

Normalerweise erwartet man, daß die Entropie eines Systems mit wachsender Energie monoton zunimmt, da die Zahl der Realisierungsmöglichkeiten eines Makrozustands mit der Energie gewöhnlich wächst. Aus

$$\frac{1}{T} = \left(\frac{\partial S}{\partial U}\right)_{V,N} \tag{12.36}$$

folgt dann, daß T positiv ist.

Nun gibt es aber Systeme (wie die in Abschn. 12.3 besprochenen Spin-Systeme), deren Energie nicht nur eine untere, sondern auch eine obere Grenze besitzt. Für Teilchen mit Spin $1/2$ ist z.B. $1/2\,NK$ die obere, $-1/2\,NK$ die untere Grenze. Beide Zustände haben die gleiche Zahl von Realisierungsmöglichkeiten (nämlich genau 1 – alle Spins parallel bzw. antiparallel zum Magnetfeld –); also kommt beiden Zuständen die gleiche Entropie zu, da die gleiche Information vorliegt. Man erhält daher qualitativ die in Abb. 12.2 gezeigte Kurve: Für $U < 0$ ist die Ableitung von S und damit von T positiv, dagegen für $U > 0$ negativ. Zur Parametrisierung der obigen Kurve wäre es sinnvoll, nicht T, sondern $\tau = -1/T$ einzuführen; mit U wächst dann auch τ.

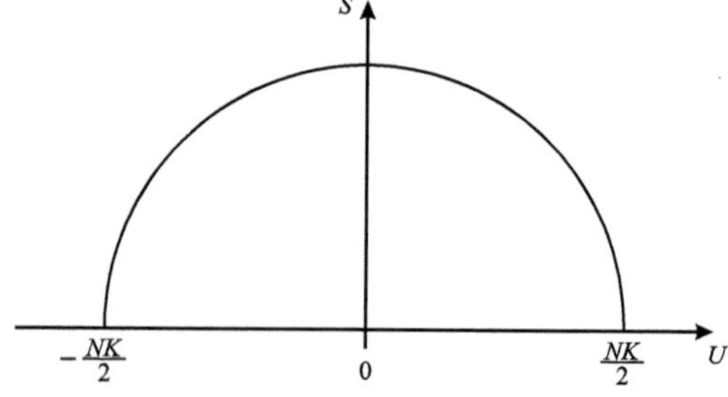

Abb. 12.2 Entropieverlauf S als Funktion der inneren Energie U für ein Spinsystem in äußeren Magnetfeld B

Zustände negativer Temperatur können experimentell bei Kernmomenten in Kristallen realisiert werden, vorausgesetzt, daß die Spin-Gitter-Wechselwirkung schwach ist gegenüber der Spin-Spin-Wechselwirkung (die bisher nicht erfaßt war), welche die Einstellung des thermischen Gleichgewichts im Spin-System besorgt. Man magnetisiert die Kernspins dabei zunächst in einem starken Magnetfeld und dreht dessen Richtung dann so schnell um, daß die Spins nicht folgen können. Dadurch entsteht aus der ursprünglichen Verteilung $\rho_n \sim \exp\{-E_n/(k_B T)\}$ eine neue mit einer **Besetzungsinversion** $\rho'_n \sim \exp\{E_n/(k_B T)\} = \exp\{-E_n/(-k_B T)\}$. Zustände mit Besetzungsinversion spielen in der **Maser-** und **Laser-Physik** eine wichtige Rolle.

Zusammenfassend haben wir in diesem Kapitel den Paramagnetismus von Materie in einem externen Magnetfeld untersucht und die klassische Theorie des Paramagnetismus und der Orientierungspolarisation vorgestellt. Außerdem haben wir das Prinzip der magnetischen Kühlung aufgezeigt und die Unmöglichkeit dargelegt die absolute Nulltemperatur in einer endlichen Anzahl von Kühlungsschritten zu erreichen.

Teil IV
Nichtgleichgewichtsdynamik

Kinetische Theorien **13**

Inhaltsverzeichnis

Während wir bisher physikalische Systeme von Fermionen, Bosonen oder klassischen Teilchen im thermodynamischen Gleichgewicht oder deren Reaktionen auf äußere Störungen (Kap. 8) betrachtet haben, bleibt unklar, wie diese Systeme im Laufe der Zeit den endgültigen Gleichgewichtszustand erreichen und welche charakteristischen Zeitskalen dafür erforderlich sind. Die Beantwortung dieser Fragen erfordert die Formulierung einer konsistenten Nichtgleichgewichtsdynamik, die die explizite zeitliche Entwicklung des physikalischen Systems beschreibt. Einerseits kann man die zeitabhängige Schrödinger-Gleichung verwenden und ein System von kinetischen Gleichungen unter Verwendung von Green'schen Funktionen ableiten, andererseits kann man die zeitliche Entwicklung der N-Teilchen-Dichtematrix auch direkt in geeigneten Näherungen betrachten. Im Folgenden werden wir den Dichtematrix-Formalismus für schwach wechselwirkende N-Teilchen-Fermionensysteme vorstellen, was die Grundlage für die Ableitung von kinetischen Theorien bilden wird.

© Der/die Autor(en), exklusiv lizenziert an Springer Nature Switzerland AG 2025

W. Cassing, *Theoretische Physik kompakt IV*,

https://doi.org/10.1007/978-3-031-96450-3_13

13.1   Der Dichtematrix – Formalismus

Ausgangspunkt einer entsprechenden Theorie ist die **von-Neumann Gleichung** für den Dichteoperator ρ_N, der ein N-Teilchen Fermionensystem in einem reinen oder gemischten Zustand beschreibt,

$$i\hbar\frac{\partial}{\partial t}\,\rho_N(1,..,N;1'..N';t) = [H_N,\rho_N],\tag{13.1}$$

wobei H_N den N-Teilchen Hamiltonoperator darstellt, und wir zur Abkürzung $i \equiv \xi_i$ für den Variablensatz von Teilchen i benutzt haben (z. B.: $i \equiv \mathbf{r}_i,\sigma_i,\tau_i \equiv$ Ortskoordinate, Spin, Ispspin etc.). Falls das System von Fermionen nur über eine Zwei-Teilchen Wechselwirkung $v(ij)$ zwischen Teilchen i und j wechselwirkt, was näherungsweise für die meisten physikalischen Fälle zutrifft, so lautet der Hamiltonoperator explizit

$$H_N = \sum_{i=1}^{N} h^0(i) + \sum_{i<j}^{N-1} v(ij),\tag{13.2}$$

wobei

$$h^0(i) = t(i) + U^0(i)\tag{13.3}$$

den Einteilchenanteil von H_N, bestehend aus dem Operator der kinetischen Energie des Teilchens i und einem **äußeren** mittleren Feld $U^0(i)$, darstellt. Gl. (13.1) ist allerdings in der obigen Form für ein Vielteilchensystem praktisch nicht lösbar, so daß man auf Näherungslösungen angewiesen ist.

Zu diesem Zweck führen wir **reduzierte Dichtematrizen** $\rho_n(1...n,1'...n';t)$ ein, die über Spurbildung der Teilchen $n+1,..,N$ aus der N-Teilchendichte ρ_N definiert sind:

$$\rho_n(1...n,1'...n';t)$$
$$= \frac{1}{(N-n)!}Sp_{(n+1,...,N)}\rho_N(1...n,n+1...N,1'...n',n+1...N;t).\tag{13.4}$$

Während die relative Normierung zwischen ρ_n und ρ_{n+1} über (13.4) festliegt, können wir die absolute Normierung von ρ_N frei wählen. Zweckmäßigerweise wählt man die Normierung auf $N!$, so daß die Spur über die Einteilchen-Dichtematrix

$$Sp_{(1=1')}\rho(11';t) = \sum_i \langle a_i^\dagger a_i\rangle = N\tag{13.5}$$

ergibt, wobei $a_i^\dagger$ und a_i die Fermionen Erzeugungs- und Vernichtungs-Operatoren mit den bekannten Vertauschungsrelationen darstellen (siehe Quantenmechanik). Für die Zweiteilchen- Dichtematrix folgt dann die Normierung

$$Sp_{(1,2)}\rho_2 = \sum_{i,j}\langle a_i^\dagger a_j^\dagger a_j a_i\rangle = -\sum_{i,j}\langle a_i^\dagger a_j^\dagger a_i a_j\rangle = \sum_{i,j}\left\{\langle a_i^\dagger a_i a_j^\dagger a_j\rangle - \langle a_i^\dagger a_j\rangle\delta_{ij}\right\}$$

$$= (N-1)\sum_j \langle a_j^\dagger a_j\rangle = N(N-1). \tag{13.6}$$

Analog ergeben sich die Spuren der Dichtematrizen ρ_n (für $n \leq N$) zu

$$Sp_{(1,..,n)}\rho_n = \frac{N!}{(N-n)!}, \tag{13.7}$$

da für $n = N$ die Dichtematrix ρ_N nach (13.7) auf $N!$ normiert ist.

Wendet man die partielle Spurbildung (d. h. $Sp_{(n+1,..,N)}$) auf die von-Neumann Gl. (13.1) an, so erhält man ein gekoppeltes System von Differentialgleichungen 1. Ordnung in der Zeit, das als **BBGKY**-Hierarchie (nach den Autoren **B**ogolyubov, **B**orn, **G**reen, **K**irkwood und **Y**von) benannt ist,

$$i\hbar\frac{\partial}{\partial t}\rho_n = \left[\sum_{i=1}^{n} h^0(i), \rho_n\right] + \left[\sum_{1=i<j}^{n-1} v(ij), \rho_n\right] + \sum_{i=1}^{n} Sp_{(n+1)}\left[v(i, n+1), \rho_{n+1}\right] \tag{13.8}$$

für $1 \leq n \leq N$ mit $\rho_{N+1} = 0$. Explizit lauten die Gleichungen für $n = 1$ und $n = 2$:

$$i\hbar\frac{\partial}{\partial t}\rho_1 = [h^0(1), \rho_1] + Sp_{(2)}[v(12), \rho_2], \tag{13.9}$$

$$i\hbar\frac{\partial}{\partial t}\rho_2 = \left[\sum_{i=1}^{2} h^0(i), \rho_2\right] + [v(12), \rho_2] + Sp_{(3)}[v(13) + v(23), \rho_3], \tag{13.10}$$

die für sich noch nicht geschlossen sind, da die Zeitentwicklung von ρ_2 noch durch die 3-Teilchen Dichtematrix ρ_3 bestimmt wird. Um ein geschlossenes Gleichungssystem zu erhalten, muß daher eine Näherung für ρ_3 durchgeführt werden.

13.2 Separation von Korrelationsfunktionen

Da bei unabhängigen Teilchen (ohne Restwechselwirkung) N-Teilchenzustände als antisymmetrische Produkte von Einteilchenwellenfunktionen (Slater-Determinanten) geschrieben werden können, womit ρ_N zu einer Bilinearform von Slater-Determinanten $\rho_N = \sum_{i,j} p_{ij} |\Psi_i\rangle\langle\Psi_j|$ wird, stellt man zunächst die reduzierten Dichtematrizen ρ_n als antisymmetrisierte Produkte von Einteilchen-Dichtematrizen dar und führt für wechselwirkende Teilchen Korrekturen in Form von Korrelations-Funktionen oder -Matrizen ein. Dieses Verfahren ist in der Literatur als **Cluster-Entwicklung** bekannt. Von Interesse ist im gegenwärtigen Zusammenhang lediglich die explizite Cluster-Entwicklung bis zur 3. Ordnung, die wie folgt eingeführt wird,

$$\rho_1(11') = \rho(11'), \tag{13.11}$$

$$\begin{aligned}
\rho_2(12, 1'2') &= \rho(11')\rho(22') - \rho(12')\rho(21') + c_2(12, 1'2') \\
&= \rho_{20}(12, 1'2') + c_2(12, 1'2') \\
&= \mathcal{A}_{12}\rho(11')\rho(22') + c_2(12, 1'2'),
\end{aligned} \tag{13.12}$$

mit dem 2-Teilchen Antisymmetrisierungsoperator $\mathcal{A}_{ij} = 1 - P_{ij}$, während die Entwicklung von ρ_3 die antisymmetrisierten dreifachen Produkten von ρ und antisymmetrisierten Produkte von ρc_2 enthält,

$$\begin{aligned}
\rho_3(123, 1'2'3') ={}& \rho(11')\rho(22')\rho(33') - \rho(12')\rho(21')\rho(33') - \rho(13')\rho(22')\rho(31') \\
&- \rho(11')\rho(32')\rho(23') + \rho(13')\rho(21')\rho(32') + \rho(12')\rho(31')\rho(23') \\
&+ \rho(11')c_2(23, 2'3') - \rho(12')c_2(23, 1'3') - \rho(13')c_2(23, 2'1') \\
&+ \rho(22')c_2(13, 1'3') - \rho(21')c_2(13, 2'3') - \rho(23')c_2(13, 1'2') \\
&+ \rho(33')c_2(12, 1'2') - \rho(31')c_2(12, 3'2') - \rho(32')c_2(12, 1'3') \\
&+ c_3(123, 1'2'3'),
\end{aligned} \tag{13.13}$$

wobei c_3 höhere 3-Teilchen Korrelationen beinhaltet.

Vernachlässigt man in (13.12) die 2-Teilchen Korrelationsfunktion c_2 und in (13.13) c_3, so erhält man gerade den bekannten Limes unabhängiger Teilchen; dies besagt andererseits, daß alle Effekte der Restwechselwirkung durch c_2 beschrieben werden.

Die 2-Teilchen Korrelationsfunktion c_2 besitzt die gleichen Symmetrien unter Teilchenaustausch wie die hermitesche 2-Teilchen Dichtematrix ρ_2, d. h.

$$c_2(12, 1'2') = -c_2(12, 2'1') = -c_2(21, 1'2') = c_2^*(1'2', 12) \qquad \text{u.s.w.} \tag{13.14}$$

Der entscheidende Schritt in den hier benötigten Cluster-Entwicklungen ist nun die Vernachlässigung der 3-Teilchen Korrelationsfunktion c_3 in (13.13), da bei moderaten Restwechselwirkungen die 3-Teilchen Dichtematrix ρ_3 recht gut durch die verbleibenden Terme in (13.13) dargestellt wird. Mit der Näherung $c_3 = 0$ wird das Gleichungssystem (13.9) und (13.10) geschlossen und wir erhalten durch Einsetzen von (13.12) und (13.13) in (13.9) und (13.10) die ersten Gleichungen der **Korrelationsdynamik** für die Zeitentwicklung von $\rho(11'; t)$

$$
\begin{aligned}
i\hbar\frac{\partial}{\partial t}\,\rho(11'; t) =\ & [h^0(1) - h^0(1')]\rho(11'; t) \\
& + Sp_{(2=2')}[v(12)\mathcal{A}_{12} - v(1'2')\mathcal{A}_{1'2'}]\rho(11'; t)\rho(22'; t) \\
& + Sp_{(2=2')}[v(12) - v(1'2')]c_2(12, 1'2'; t)
\end{aligned}
\tag{13.15}
$$

sowie (nach etwas längerer Rechnung) für die Zeitentwicklung von c_2,

$$
\begin{aligned}
i\hbar\frac{\partial}{\partial t}\,c_2(12, 1'2'; t) =\ & [h^0(1) + h^0(2) - h^0(1') - h^0(2')]c_2(12, 1'2'; t) \\
& + Sp_{(3=3')}[v(13)\mathcal{A}_{13} + v(23)\mathcal{A}_{23} - v(1'3')\mathcal{A}_{1'3'} - v(2'3')\mathcal{A}_{2'3'}] \\
& \quad \rho(33'; t)c_2(12, 1'2'; t) + [v(12) - v(1'2')]\rho_{20}(12, 1'2') \\
& - Sp_{(3=3')}\{v(13)\rho(23'; t)\rho_{20}(13, 1'2'; t) - v(1'3')\rho(32'; t)\rho_{20}(12, 1'3'; t) \\
& \quad + v(23)\rho(13'; t)\rho_{20}(32, 1'2'; t) - v(2'3')\rho(31'; t)\rho_{20}(12, 3'2'; t)\} \\
& + [v(12) - v(1'2')]c_2(12, 1'2'; t) \\
& - Sp_{(3=3')}\{v(13)\rho(23'; t)c_2(13, 1'2'; t) - v(1'3')\rho(32'; t)c_2(12, 1'3'; t) \\
& \quad + v(23)\rho(13'; t)c_2(32, 1'2'; t) - v(2'3')\rho(31'; t)c_2(12, 3'2'; t)\} \\
& + Sp_{(3=3')}\{[v(13)\mathcal{A}_{13}\mathcal{A}_{1'2'} - v(1'3')\mathcal{A}_{1'3'}\mathcal{A}_{12}]\,\rho(11'; t)c_2(23, 2'3'; t) \\
& + [v(23)\mathcal{A}_{23}\mathcal{A}_{1'2'} - v(2'3')\mathcal{A}_{2'3'}\mathcal{A}_{12}]\,\rho(22'; t)c_2(13, 1'3'; t)\}.
\end{aligned}
\tag{13.16}
$$

Die obigen Gl. (13.15) und (13.16) sind nur unter hohem numerischen Aufwand lösbar, so daß eine explizite Diskussion über den Rahmen dieses Lehrbuches hinausgeht. Zur Kompaktifizierung und Verdeutlichung der physikalischen Terme führt man zweckmäßigerweise den **Einteilchen-Hamiltonoperator**

$$
\begin{aligned}
h(i) &= h^0(i) + U^s(i) = h^0(i) + Sp_{(n=n')}v(in)\mathcal{A}_{in}\rho(nn'; t), \\
h(i') &= h^0(i') + U^s(i') = h^0(i') + Sp_{(n=n')}v(i'n')\mathcal{A}_{i'n'}\rho(nn'; t)
\end{aligned}
\tag{13.17}
$$

ein, der nicht nur die Wechselwirkung mit dem äußeren Feld U^0 enthält, sondern auch die mittlere Selbstwechselwirkung $U^s(i)$ der Teilchen untereinander. Weiterhin führt man den **Pauli-Blocking Operator**

$$Q^=_{ij} = 1 - Sp_{(n=n')}(P_{in} + P_{jn})\rho(nn'; t);$$

$$Q^=_{i'j'} = 1 - Sp_{(n=n')}(P_{i'n'} + P_{j'n'})\rho(nn'; t), \qquad (13.18)$$

sowie die effektive Wechselwirkung im Medium $V^=(ij)$ ein über

$$V^=(ij) = Q^=_{ij}v(ij); \qquad V^=(i'j') = Q^=_{i'j'}v(i'j'), \qquad (13.19)$$

wobei die Austauschoperatoren in $Q^=$ (13.18) auf alle Terme nach rechts wirken.

Die Gleichungen für ρ und c_2 lassen sich dann in der kompakteren Form schreiben,

$$i\hbar\frac{\partial}{\partial t}\rho(11'; t) - [h(1) - h(1')]\rho(11'; t) = Sp_{(2=2')}[v(12) - v(1'2')]c_2(12, 1'2'; t),$$
$$(13.20)$$

und

$$i\hbar\frac{\partial}{\partial t}c_2(12, 1'2'; t) - \left[\sum_{i=1}^{2}h(i) - \sum_{i'=1'}^{2'}h(i')\right]c_2(12, 1'2'; t)$$

$$= [V^=(12) - V^=(1'2')]\rho_{20}(12, 1'2'; t)$$

$$+ [V^=(12) - V^=(1'2')]c_2(12, 1'2'; t)$$

$$+ Sp_{(3=3')}\{[v(13)\mathcal{A}_{13}\mathcal{A}_{1'2'} - v(1'3')\mathcal{A}_{1'3'}\mathcal{A}_{12}]\,\rho(11'; t)c_2(23, 2'3'; t)$$

$$+ [v(23)\mathcal{A}_{23}\mathcal{A}_{1'2'} - v(2'3')\mathcal{A}_{2'3'}\mathcal{A}_{12}]\,\rho(22'; t)c_2(13, 1'3'; t)\}. \qquad (13.21)$$

Gl. (13.20) beschreibt die Propagation eines Teilchens im mittleren Feld $U^0(i) + U^s(i)$ unter Einbeziehung der Zweiteilchendynamik, die in (13.21) näher spezifiziert wird. Während in (13.21) die Terme mit $h(i)$ nun die Propagation von 2 Teilchen im mittleren Feld beschreiben, lassen sich die Terme mit $V^=$ auf 2-Teilchenstöße im Medium zurückführen (**kurzreichweitige** Korrelationen). Die restlichen Terme beschreiben **langreichweitige** Korrelationen, welche zur Dämpfung kollektiver Anregungen beitragen. Für eine detaillierte Diskussion verweisen wir den Leser auf die entsprechende Literatur.

Da im Folgenden lediglich schwach wechselwirkende Fermi Systeme betrachtet werden, beschränken wir uns auf die niedrigste Ordnung in der Wechselwirkung, d. h.

$$
i\hbar\frac{\partial}{\partial t}\,c_2(12, 1'2'; t) - \left[\sum_{i=1}^{2} h(i) - \sum_{i'=1'}^{2'} h(i')\right] c_2(12, 1'2'; t)
$$
$$
= [V^=(12) - V^=(1'2')]\rho_{20}(12, 1'2'; t). \tag{13.22}
$$

13.3   Entwicklung in einer Einteilchenbasis

Die Ortsraumdarstellung der gekoppelten Gleichungen für ρ und c_2 (13.20) und (13.21) ist in der gegenwärtigen Form für eine numerische Integration sowie für weitere analytische Näherungen nicht besonders geeignet. Daher entwickeln wir ρ und c_2 nach einer zunächst beliebigen Einteilchenbasis $\varphi_\alpha \equiv |\alpha\rangle$,

$$
\rho(11'; t) = \sum_{\lambda\lambda'} \rho_{\lambda\lambda'}(t)\,\varphi_\lambda(\mathbf{r})\varphi_{\lambda'}^*(\mathbf{r}'), \tag{13.23}
$$

$$
c_2(12, 1'2'; t) = \sum_{\lambda\gamma\lambda'\gamma'} C_{\lambda\gamma\lambda'\gamma'}(t)\,\varphi_\lambda(\mathbf{r}_1)\varphi_\gamma(\mathbf{r}_2)\varphi_{\lambda'}^*(\mathbf{r}_1')\varphi_{\gamma'}^*(\mathbf{r}_2'), \tag{13.24}
$$

und setzen diese Entwicklungen in (13.20) und (13.21) ein. Durch Multiplikation von links mit $\varphi_\alpha^*(\mathbf{r}_1)\varphi_{\alpha'}(\mathbf{r}_{1'})$ bzw. $\varphi_\alpha * (\mathbf{r}_1)\varphi_\beta * (\mathbf{r}_2)\varphi_{\alpha'}(\mathbf{r}_{1'})\varphi_{\beta'}(\mathbf{r}_{2'})$ für (13.21) und Integration über $d^3r_1 d^3r_{1'}$ bzw. $d^3r_1 d^3r_2 d^3r_{1'} d^3r_{2'}$ erhalten wir die Gleichungen für die Zeitentwicklung der Koeffizienten $\rho_{\alpha\alpha'}(t)$,

$$
i\hbar\frac{\partial}{\partial t}\,\rho_{\alpha\alpha'} - \sum_\lambda [h_{\alpha\lambda}\rho_{\lambda\alpha'} - \rho_{\alpha\lambda}h_{\lambda\alpha'}]
$$
$$
= \sum_\beta \sum_{\lambda\gamma} \{\langle\alpha\beta|v|\lambda\gamma\rangle C_{\lambda\gamma\alpha'\beta} - C_{\alpha\beta\lambda\gamma}\langle\lambda\gamma|v|\alpha'\beta\rangle\} \tag{13.25}
$$

bzw. für $C_{\alpha\beta\alpha'\beta'}(t)$ mit (13.22)

$$i\hbar\frac{\partial}{\partial t}C_{\alpha\beta\alpha'\beta'} - \sum_{\lambda}\{h_{\alpha\lambda}C_{\lambda\beta\alpha'\beta'} + h_{\beta\lambda}C_{\alpha\lambda\alpha'\beta'} - C_{\alpha\beta\lambda\beta'}h_{\lambda\alpha'} - C_{\alpha\beta\alpha'\lambda}h_{\lambda\beta'}\}$$

$$= \sum_{\lambda\lambda'\gamma\gamma'}\{Q^{=}_{\alpha\beta\lambda'\gamma'}\langle\lambda'\gamma'|v|\lambda\gamma\rangle(\rho_{20})_{\lambda\gamma\alpha'\beta'} - (\rho_{20})_{\alpha\beta\lambda'\gamma'}\langle\lambda'\gamma'|v|\lambda\gamma\rangle Q^{=}_{\lambda\gamma\alpha'\beta'}\}$$

$$(13.26)$$

mit

$$Q^{=}_{\alpha\beta\lambda'\gamma'} = \delta_{\alpha\lambda'}\delta_{\beta\gamma'} - \delta_{\alpha\lambda'}\rho_{\beta\gamma'} - \rho_{\alpha\lambda'}\delta_{\beta\gamma'}, \qquad (13.27)$$

und dem Einteilchen-Hamiltonoperator (vgl. (13.17))

$$h_{\alpha\lambda} = \langle\alpha|t|\lambda\rangle + \langle\alpha|U^0|\lambda\rangle + \sum_{\gamma\gamma'}\langle\alpha\gamma'|v|\lambda\gamma\rangle_{\mathcal{A}}\rho_{\gamma\gamma'}. \qquad (13.28)$$

Weiterhin wurde benutzt

$$(\rho_{20})_{\alpha\beta\alpha'\beta'} = \rho_{\alpha\alpha'}\rho_{\beta\beta'} - \rho_{\alpha\beta'}\rho_{\beta\alpha'} = \mathcal{A}_{\alpha\beta}\rho_{\alpha\alpha'}\rho_{\beta\beta'} \qquad (13.29)$$

und

$$\langle\alpha\beta|v|\alpha'\beta'\rangle_{\mathcal{A}} = \langle\alpha\beta|v|\alpha'\beta'\rangle - \langle\alpha\beta|v|\beta'\alpha'\rangle \qquad (13.30)$$

für das antisymmetrische Matrixelement der Wechselwirkung v.

Die Gl. (13.25) und (13.26) bilden den Ausgangspunkt für die weiterhin zu betrachtenden **kinetischen Theorien;** sie sind vollständig antisymmetrisch in den Matrixelementen, geschlossen in ρ und c_2 und erlauben die quantenmechanische Beschreibung von Fermionsystemen geringer Dichte oder schwacher Restwechselwirkung weit ab vom Gleichgewicht. Wie im nächsten Abschnitt zu zeigen sein wird, erfüllen sie die Erhaltungssätze von Fermionenzahl, Impuls, Drehimpuls sowie totaler Energie.

13.4 Erhaltungssätze

i) **Teilchenzahlerhaltung**

Die Teilchenzahl des Systems ist gegeben durch die Spur von ρ oder in der diskreten Basis durch

$$N(t) = \sum_{\alpha}\rho_{\alpha\alpha}(t). \qquad (13.31)$$

Ableiten nach der Zeit und Einsetzen der Bewegungsgleichung für $\rho_{\alpha\alpha}(t)$ ergibt

$$\frac{d}{dt}\,N(t) = \sum_{\alpha} \dot{\rho}_{\alpha\alpha}(t) = -\frac{i}{\hbar}\left\{\sum_{\alpha\lambda}[h_{\alpha\lambda}\rho_{\lambda\alpha} - \rho_{\alpha\lambda}h_{\lambda\alpha}]\right.$$

$$\left. + \sum_{\alpha\beta\gamma\lambda}[\langle\alpha\beta|v|\gamma\lambda\rangle C_{\gamma\lambda\alpha\beta} - C_{\alpha\beta\gamma\lambda}\langle\gamma\lambda|v|\alpha\beta\rangle]\right\} = 0, \qquad (13.32)$$

wie man leicht durch Umbenennen der Summationsindizes sieht. Damit ist die Teilchenzahl immer eine Erhaltungsgröße.

ii) **Impuls- (Drehimpuls)-Erhaltung**

Der Erwartungswert des Gesamtimpulses des Systems ist gegeben durch

$$\langle\mathbf{P}\rangle = Sp(\mathbf{p}\,\rho) = \sum_{\alpha}\langle\alpha|\mathbf{p}\,\rho|\alpha\rangle = \sum_{\alpha\lambda}\langle\alpha|\mathbf{p}|\lambda\rangle\rho_{\lambda\alpha}, \qquad (13.33)$$

da der Impuls $\mathbf{p}$ ein Einteilchenoperator ist. Zum Beweis der Impulserhaltung bildet man die Zeitableitung von (13.33) und setzt erneut die Bewegungsgleichung für $\rho_{\lambda\alpha}(t)$ ein;

$$i\hbar\frac{d}{dt}\langle\mathbf{P}\rangle = \sum_{\alpha\lambda}\langle\alpha|\mathbf{p}|\lambda\rangle i\hbar\dot{\rho}_{\lambda\alpha}$$

$$= \sum_{\alpha\lambda\lambda'}\langle\alpha|\mathbf{p}|\lambda\rangle[h_{\lambda\lambda'}\rho_{\lambda'\alpha} - \rho_{\lambda\lambda'}h_{\lambda'\alpha}]$$

$$+ \sum_{\alpha\beta\gamma\lambda\lambda'}\langle\alpha|\mathbf{p}|\lambda\rangle[\langle\lambda\beta|v|\lambda'\gamma\rangle C_{\lambda'\gamma\alpha\beta} - C_{\lambda\beta\lambda'\gamma}\langle\lambda'\gamma|v|\alpha\beta\rangle] = 0, \qquad (13.34)$$

wie man erneut durch Umbenennen der Summationsindizes zeigt. Analog zum Impuls $\mathbf{P}$ beweist man auch die Erhaltung des Gesamtdrehimpulses $\mathbf{L}$, der sich aus der Summe der Einteilchendrehimpulse $\mathbf{l}_i$ zusammensetzt, unter der Voraussetzung $[v, \mathbf{l}_i] = 0$.

iii) **Energieerhaltung**

Für jedes abgeschlossene System (hier $U^0 = 0$) muß die Gesamtenergie eine Erhaltungsgröße darstellen. Sie setzt sich zusammen aus der kinetischen Energie

$$E_{kin} = \sum_{\alpha\lambda}\langle\alpha|t|\lambda\rangle\rho_{\lambda\alpha}, \qquad (13.35)$$

der Energie des **Mittleren Feldes**

$$E_{MF} = \frac{1}{2}\sum_{\alpha\alpha'\lambda\lambda'}\rho_{\alpha\alpha'}\langle\alpha'\lambda'|v|\alpha\lambda\rangle_A\rho_{\lambda\lambda'}, \qquad (13.36)$$

sowie der Korrelationsenergie

$$E_{Kor} = \frac{1}{2}\sum_{\alpha\alpha'\lambda\lambda'}\langle\alpha\lambda|v|\alpha'\lambda'\rangle C_{\alpha'\lambda'\alpha\lambda}. \qquad (13.37)$$

Da die Gesamtenergie ein Zweiteilchenoperator ist, benötigt man nun zum Beweis der Energieerhaltung die explizite Bewegungsgleichung für die Matrixelemente von $C_{\alpha\beta\alpha'\beta'}$, d. h.

$$\frac{d}{dt} E = \frac{d}{dt}\{E_{kin} + E_{MF} + E_{Kor}\}$$

$$= \sum_{\alpha\lambda}\langle\alpha|t|\lambda\rangle\dot{\rho}_{\lambda\alpha} + \frac{1}{2}\sum_{\alpha\alpha'\lambda\lambda'}\langle\alpha'\lambda'|v|\alpha\lambda\rangle_A[\dot{\rho}_{\lambda\lambda'}\rho_{\alpha\alpha'} + \rho_{\lambda\lambda'}\dot{\rho}_{\alpha\alpha'}]$$

$$+ \frac{1}{2}\sum_{\alpha\alpha'\lambda\lambda'}\langle\alpha'\lambda'|v|\alpha\lambda\rangle\dot{C}_{\alpha\lambda\alpha'\lambda'} = \dots = 0, \tag{13.38}$$

wie durch Einsetzen von $\dot{\rho}$ aus (13.25) und $\dot{C}$ aus (13.26) nach kürzerer Rechnung ersichtlich wird. Damit ist auch die Energie für alle Zeiten eine Erhaltungsgröße im Rahmen der gekoppelten Gl. (13.25) und (13.26).

13.5   Die Vlasov Gleichung

Um den physikalischen Gehalt der Gl. (13.25) und (13.26) näher zu verdeutlichen, betrachten wir zunächst Gl. (13.25) im Grenzfall $C_{\alpha\beta\alpha'\beta'} = 0$, d. h.

$$\frac{\partial}{\partial t}\rho_{\alpha\alpha'} + \frac{i}{\hbar}\left[\sum_{\lambda}h_{\alpha\lambda}\rho_{\lambda\alpha'} - \rho_{\alpha\lambda}h_{\lambda\alpha'}\right] = 0, \tag{13.39}$$

und transformieren auf die Ortsdarstellung $\rho(\mathbf{x},\mathbf{x}';t) = \langle\mathbf{x}|\rho(t)|\mathbf{x}'\rangle$. Um die Notation zu vereinfachen, lassen wir im Folgenden (wie in (13.39)) die expliziten Indizes für Spin (Isospin etc.) weg, da sie für die physikalischen Betrachtungen zunächst ohne Bedeutung sind.

Weiterhin beschränken wir uns auf lokale Potential $U(\mathbf{x};t)$, die sowohl aus einem äußeren Feld $U^0(\mathbf{x};t)$ bestehen können als auch durch die Selbstwechselwirkung der Fermionen $U^s(\mathbf{x},t)$ (siehe (13.17)),

$$U(\mathbf{x};t) = U^0(\mathbf{x};t) + \sum_{Spin,\ Isospin}\int d^3x_2\, v(\mathbf{x} - \mathbf{x}_2)\,\rho(\mathbf{x}_2,\mathbf{x}_2;t), \tag{13.40}$$

wobei der Austauschterm der Wechselwirkung (Fock-Term) der Einfachheit halber vernachlässigt wurde.

In der Ortsraumdarstellung für lokale Potentiale $U(\mathbf{x};t)$ lautet (13.39) wie folgt,

$$\frac{\partial}{\partial t}\,\rho(\mathbf{x},\mathbf{x}';t) + \frac{i}{\hbar}\left\{\frac{\hbar^2}{2m}\nabla_x^2 + U(\mathbf{x};t) - \frac{\hbar^2}{2m}\nabla_{x'}^2 - U(\mathbf{x}';t)\right\}\rho(\mathbf{x},\mathbf{x}';t) = 0,$$

$$(13.41)$$

was das Verständnis allerdings noch nicht sonderlich erleichtert. Zweckmäßigerweise transformiert man noch auf die Phasenraumdarstellung mittels einer **Wigner Transformation**

$$\rho(\mathbf{r},\mathbf{p};t) = \int d^3s\,\exp\left(\frac{i}{\hbar}\mathbf{p}\cdot\mathbf{s}\right)\,\rho\left(\mathbf{r}+\frac{\mathbf{s}}{2},\mathbf{r}-\frac{\mathbf{s}}{2};t\right)\qquad(13.42)$$

mit

$$\mathbf{x} = \mathbf{r} + \frac{\mathbf{s}}{2},\qquad \mathbf{x}' = \mathbf{r} - \frac{\mathbf{s}}{2}\quad\text{oder}\quad \mathbf{r} = \frac{(\mathbf{x}+\mathbf{x}')}{2},\qquad \mathbf{s} = \mathbf{x} - \mathbf{x}'.\qquad(13.43)$$

Die quantenmechanische Phasenraumdichte $\rho(\mathbf{r},\mathbf{p};t)$ geht im klassischen Grenzfall über in die Wahrscheinlichkeit, ein Teilchen am Ort $\mathbf{r}$ mit Impuls $\mathbf{p}$ zur Zeit t zu finden. Unabhängig vom klassischen Limes liefert die Integration von (13.42) über den Impuls

$$\rho(\mathbf{r};t) = \frac{1}{(2\pi\hbar)^3}\int d^3p\,\rho(\mathbf{r},\mathbf{p};t)\qquad(13.44)$$

die Ortsraumdichte $\rho(\mathbf{r};t)$, während Integration über den Ort die Impulsraumdichte $\rho(\mathbf{p};t)$ liefert,

$$\rho(\mathbf{p};t) = \int d^3r\,\rho(\mathbf{r},\mathbf{p};t);\qquad(13.45)$$

der Faktor $1/(2\pi\hbar)^3 = h^{-3}$ in (13.44) ist dabei verantwortlich für die Quantisierung im Phasenraum pro intrinsischem Freiheitsgrad der Teilchen (Spin, Isospin, etc.).

Bemerkung Die Wignertransformierte (13.42) ist für quantenmechanische Systeme im allgemeinen nicht eine positiv definite Funktion auf den reellen Zahlen, sondern ein hermitescher Operator mit komplexen Werten in der Phasenraumdarstellung. Für Systeme hinreichend großer Teilchenzahl werden allerdings die Imaginärteile von $\rho(\mathbf{r},\mathbf{p};t)$ beliebig klein, so daß man von einer Annäherung an den klassischen Grenzfall sprechen kann.

Führt man nun eine Wignertransformation von (13.41) durch, so erhält man nach wenigen Zeilen unter Verwendung von $\nabla_{\mathbf{r}+\mathbf{s}/2}^2 - \nabla_{\mathbf{r}-\mathbf{s}/2}^2 = 2\nabla_{\mathbf{s}}\cdot\nabla_{\mathbf{r}}$ und partieller Integration:

$$\frac{\partial}{\partial t}\,\rho(\mathbf{r},\mathbf{p};t) + \frac{\mathbf{p}}{m}\cdot\nabla_{\mathbf{r}}\rho(\mathbf{r},\mathbf{p};t)$$

$$+\,\frac{i}{\hbar}\int d^3s\;\exp\!\left(\frac{i}{\hbar}\mathbf{p}\cdot\mathbf{s}\right)\left[U\!\left(\mathbf{r}+\frac{\mathbf{s}}{2};t\right)-U\!\left(\mathbf{r}-\frac{\mathbf{s}}{2};t\right)\right]\rho\!\left(\mathbf{r}+\frac{\mathbf{s}}{2},\mathbf{r}-\frac{\mathbf{s}}{2};t\right)=0.$$

$$(13.46)$$

Diese Gleichung ist aufgrund der Unitarität der Wigner Transformation äquivalent zu (13.41). In (13.46) kann man nun für den Fall kleiner 3. Ableitungen von $U(\mathbf{r};t)$ im Ortsraum die Näherung

$$\left[U\!\left(\mathbf{r}+\frac{\mathbf{s}}{2}\right)-U\!\left(\mathbf{r}-\frac{\mathbf{s}}{2}\right)\right]\approx\mathbf{s}\cdot\nabla_{\mathbf{r}}U(\mathbf{r}) \qquad (13.47)$$

einsetzen – was für den harmonischen Oszillator exakt ist – und erhält nach partieller Integration die **Vlasov Gleichung:**

$$\frac{\partial}{\partial t}\,\rho(\mathbf{r},\mathbf{p};t) + \frac{\mathbf{p}}{m}\cdot\nabla_{\mathbf{r}}\rho(\mathbf{r},\mathbf{p};t) - \nabla_{\mathbf{r}}U(\mathbf{r};t)\cdot\nabla_{\mathbf{p}}\rho(\mathbf{r},\mathbf{p};t)=0. \qquad (13.48)$$

Sie ist äquivalent zu

$$\frac{d}{dt}\,\rho(\mathbf{r},\mathbf{p};t)=0=\left\{\frac{\partial}{\partial t}+\dot{\mathbf{r}}\cdot\nabla_{\mathbf{r}}+\dot{\mathbf{p}}\cdot\nabla_{\mathbf{p}}\right\}\rho(\mathbf{r},\mathbf{p};t), \qquad (13.49)$$

woraus durch Vergleich mit (13.48) die klassischen Bewegungsgleichungen für $\dot{\mathbf{r}}$ und $\dot{\mathbf{p}}$ folgen,

$$\dot{\mathbf{r}}=\frac{\mathbf{p}}{m},\qquad \dot{\mathbf{p}}=-\nabla_{\mathbf{r}}U(\mathbf{r};t). \qquad (13.50)$$

Folglich ist im Limes $A\to\infty$ die Distribution

$$\rho_t(\mathbf{r},\mathbf{p};t)=\frac{1}{A}\sum_{i=1}^{N\cdot A}\delta^3(\mathbf{r}-\mathbf{r}_i(t))\,\delta^3(\mathbf{p}-\mathbf{p}_i(t)) \qquad (13.51)$$

eine Lösung der Vlasov Gl. (13.48), falls $\mathbf{r}_i(t)$, $\mathbf{p}_i(t)$ Lösungen der klassischen Bewegungsgleichungen (13.50) sind. Der Ansatz (13.51) mit (13.50) wird in der Physik allgemein als **Testteilchen-Methode** bezeichnet und erlaubt die dynamische Simulation von Vielteilchensystemen in einem zeitabhängigen (selbstkonsistenten) mittleren Feld $U(\mathbf{r}; t)$, das durch die Zweiteilchen-Wechselwirkung $v(\mathbf{r} - \mathbf{r}_2)$ in (13.40) aufgebaut wird.

Wie man leicht zeigt, erhält die Vlasov Gleichung wiederum die Teilchenzahl, den Gesamtimpuls und Drehimpuls sowie die totale Energie. Allerdings werden Relaxationsphänomene im Rahmen von (13.48) nicht korrekt beschrieben, da diese vorwiegend auf den hier vernachlässigten 2-Teilchen Korrelationen beruhen.

13.6 Der Stoßterm nach Uehling-Uhlenbeck

Während die Ableitung der Vlasov Gleichung im vorangehenden Kapitel noch relativ einfach durchzuführen war, erfordert der **Stoßterm** in (13.20)

$$I(11'; t) := -\frac{i}{\hbar} Sp_{(2=2')}[v(12), c_2(12, 1'2'; t)] \tag{13.52}$$

oder in einer Einteilchenbasis

$$I_{\alpha\alpha'}(t) = -\frac{i}{\hbar} \sum_{\beta} \sum_{\lambda\gamma} \{\langle \alpha\beta|v|\lambda\gamma\rangle C_{\lambda\gamma\alpha'\beta} - C_{\alpha\beta\lambda\gamma}\langle \lambda\gamma|v|\alpha'\beta\rangle\} \tag{13.53}$$

die explizite Kenntnis der 2-Teilchen Korrelationsfunktion in einer beliebigen Basis $|\alpha\rangle$.

Zu Berechnung von $C_{\alpha\beta\alpha'\beta'}(t)$ verwenden wir zunächst zweckmäßigerweise eine diskrete Basis, in welcher der Einteilchen-Hamiltonoperator $h_{\alpha\lambda}(t)$ sowie insbesondere $\rho_{\alpha\alpha'}(t)$ diagonal ist, d.h.

$$h_{\alpha\lambda}(t) \approx \epsilon_\alpha(t)\delta_{\alpha\lambda}; \qquad \rho_{\alpha\alpha'}(t) = n_\alpha(t)\delta_{\alpha\alpha'}. \tag{13.54}$$

In dieser Basis reduziert sich die Bewegungsgleichung für die Entwicklungskoeffizienten $C_{\alpha\beta\alpha'\beta'}(t)$ nach (13.22) zu:

$$\left\{ i\hbar\frac{\partial}{\partial t} - [\epsilon_\alpha + \epsilon_\beta - \epsilon_{\alpha'} - \epsilon_{\beta'}] \right\} C_{\alpha\beta\alpha'\beta'}(t)$$

$$= \sum_{\lambda\gamma} \{\langle \alpha\beta|Q^= v|\lambda\gamma\rangle(\rho_{20})_{\lambda\gamma\alpha'\beta'} - (\rho_{20})_{\alpha\beta\lambda\gamma}\langle \lambda\gamma|vQ^=|\alpha'\beta'\rangle\}$$

$$= \langle \alpha\beta|v|\alpha'\beta'\rangle_A[n_{\alpha'}n_{\beta'}(1 - n_\alpha - n_\beta) - n_\alpha n_\beta(1 - n_{\alpha'} - n_{\beta'})]$$

$$=: \langle \alpha\beta|V_B(t)|\alpha'\beta'\rangle, \tag{13.55}$$

wobei wir ausgenutzt haben, daß $Q^=$ in dieser Basis ebenfalls diagonal wird,

$$Q^{=}_{\alpha\beta\lambda\gamma} = \delta_{\alpha\lambda}\delta_{\beta\gamma}[1 - n_\alpha - n_\beta].$$

(13.56)

Gl. (13.55) ist eine Differentialgleichung 1. Ordnung in der Zeit, die direkt integriert werden kann. Im Hinblick auf später (im Rahmen der Energieerhaltung von 2-Teilchenstößen) durchzuführende Näherungen setzen wir im Folgenden bereits voraus, daß insbesondere die Einteilchenenergien $\epsilon_\alpha(t) \approx \epsilon_\alpha$ schwach veränderliche Funktionen der Zeit sind. – Diese Näherung ist insbesondere für die Elektronzustände in Festkörpern wie auch für die Einteilchenzustände in einem hinreichend großen Normierungsvolumen sehr gut bzw. exakt erfüllt. – Für eine verschwindende homogene Lösung von (13.55) ist $C_{\alpha\beta\alpha'\beta'}(t)$ dann gegeben durch

$$C_{\alpha\beta\alpha'\beta'}(t) = -\frac{i}{\hbar} \int_{-\infty}^{t} dt' \exp\left\{-\frac{i}{\hbar}[\epsilon_\alpha + \epsilon_\beta - \epsilon_{\alpha'} - \epsilon_{\beta'}](t - t')\right\} \langle\alpha\beta|V_B(t')|\alpha'\beta'\rangle,$$

(13.57)

wie man durch Einsetzen in (13.55) verifiziert.

Für die Diagonalelemente des Stoßterms (13.53) erhalten wir mit (13.57)

$$
\begin{aligned}
I_{\alpha\alpha}(t) &= -\frac{i}{\hbar} \sum_{\beta} \sum_{\lambda\gamma} \{\langle\alpha\beta|v|\lambda\gamma\rangle C_{\lambda\gamma\alpha\beta} - C_{\alpha\beta\lambda\gamma}\langle\lambda\gamma|v|\alpha\beta\rangle\} \\
&= -\frac{1}{\hbar^2} \sum_{\beta} \sum_{\lambda\gamma} \int_{-\infty}^{t} dt' \left(\exp\left\{-\frac{i}{\hbar}[\epsilon_\lambda + \epsilon_\gamma - \epsilon_\alpha - \epsilon_\beta](t - t')\right\}\right. \\
&\quad \cdot \langle\alpha\beta|v|\lambda\gamma\rangle\langle\lambda\gamma|V_B(t')|\alpha\beta\rangle \\
&\quad \left. - \exp\left\{-\frac{i}{\hbar}[\epsilon_\alpha + \epsilon_\beta - \epsilon_\lambda - \epsilon_\gamma](t - t')\right\} \langle\alpha\beta|V_B(t')|\lambda\gamma\rangle\langle\lambda\gamma|v|\alpha\beta\rangle\right) \\
&= \frac{1}{\hbar^2} \sum_{\beta} \sum_{\lambda\gamma} \int_{-\infty}^{t} dt'\, 2\cos\left\{\frac{1}{\hbar}[\epsilon_\alpha + \epsilon_\beta - \epsilon_\lambda - \epsilon_\gamma](t - t')\right\} \\
&\quad \cdot \langle\alpha\beta|v|\lambda\gamma\rangle\langle\lambda\gamma|v|\alpha\beta\rangle_{\mathcal{A}}[n_\lambda(t')n_\gamma(t')\bar{n}_\alpha(t')\bar{n}_\beta(t') - n_\alpha(t')n_\beta(t')\bar{n}_\lambda(t')\bar{n}_\gamma(t')]
\end{aligned}
$$

(13.58)

mit $\bar{n}_\alpha(t') = 1 - n_\alpha(t')$ und $V_B(t')$ aus (13.55).

Der letztere Ausdruck läßt sich weiterhin auswerten unter der Annahme, daß die Besetzungszahlen $n_\alpha(t') \approx n_\alpha(t)$ schwach veränderliche Funktionen der Zeit sind. In diesem Fall kann man für Systeme geringer Dichte oder schwacher Restwechselwirkung die Zeitintegration in (13.58) durchführen und erhält mit

$$\int_{-\infty}^{t} dt' \, \cos\left(\frac{1}{\hbar}[\epsilon_\alpha + \epsilon_\beta - \epsilon_\lambda - \epsilon_\gamma](t - t')\right) \approx \hbar\pi \, \delta(\epsilon_\alpha + \epsilon_\beta - \epsilon_\lambda - \epsilon_\gamma) \quad (13.59)$$

die Energieerhaltung im 2-Teilchenstoß. – Anschaulich bedeutet (13.59), daß die Zeit zwischen zwei aufeinanderfolgenden Stößen τ_s groß ist im Vergleich zu der konkreten Stoßzeit τ_c, so daß die mit dem Stoß verknüpfte Energieunschärfe $\Delta\epsilon \approx \hbar/\tau_s$ hinreichend klein wird. – Für die Diagonalelemente des Stoßterms erhalten wir damit

$$I_{\alpha\alpha}(t) \approx \frac{2\pi}{\hbar} \sum_\beta \sum_{\lambda\gamma} \delta(\epsilon_\alpha + \epsilon_\beta - \epsilon_\lambda - \epsilon_\gamma)\langle\alpha\beta|v|\lambda\gamma\rangle\langle\lambda\gamma|v|\alpha\beta\rangle_{\mathcal{A}}$$
$$\times \, [n_\lambda n_\gamma \bar{n}_\alpha \bar{n}_\beta - n_\alpha n_\beta \bar{n}_\lambda \bar{n}_\gamma](t) \quad (13.60)$$

in der Basis $|\alpha\rangle$, welche die Einteilchendichtematrix $\rho_{\alpha\alpha'}$ diagonalisiert.

Die weitere Auswertung von (13.60) führen wir nun durch für hinreichend ausgedehnte Systeme in der Basis ebener Wellen $|\alpha\rangle \sim \exp\{i\mathbf{p}_\alpha \cdot \mathbf{r}\}$, so daß die Dichtematrix ρ diagonal im Impuls $\hbar\mathbf{p}$ wird;

$$\rho(\mathbf{p},\mathbf{p}') = \int d^3r \, \exp\{i(\mathbf{p} - \mathbf{p}') \cdot \mathbf{r}\}\varphi(\mathbf{p})\varphi^*(\mathbf{p}') = (2\pi)^3\delta^3(\mathbf{p} - \mathbf{p}')n(\mathbf{p}). \quad (13.61)$$

In (13.61) hat damit $n(\mathbf{p})$ die physikalische Bedeutung einer Besetzungswahrscheinlichkeit für den Zustand mit Wellenzahl $\mathbf{p}$ (oder Impuls $\hbar\mathbf{p}$).

Weiterhin nehmen wir der Einfachheit halber an, daß die Matrixelemente der Wechselwirkung v in (13.60) unabhängig vom Spin σ (und Isospin τ) sind als auch Spin und Isospin nicht ändern, d. h. in der Ortsraumdarstellung gelte:

$$\langle\mathbf{r}_1\mathbf{r}_2\sigma_1\sigma_2\tau_1\tau_2|v|\sigma_{1'}\sigma_{2'}\tau_{1'}\tau_{2'}\mathbf{r}_{1'}\mathbf{r}_{2'}\rangle = \delta_{\sigma_1\sigma_{1'}} \, \delta_{\sigma_2\sigma_{2'}} \, \delta_{\tau_1\tau_{1'}} \, \delta_{\tau_2\tau_{2'}}$$
$$\cdot \, \delta^3(\mathbf{r}_1 - \mathbf{r}_{1'}) \, \delta^3(\mathbf{r}_2 - \mathbf{r}_{2'}) \, v(\mathbf{r}_1 - \mathbf{r}_2), \quad (13.62)$$

oder in der Impulsraumdarstellung

$$\langle\mathbf{p}_1\mathbf{p}_2\sigma_1\sigma_2\tau_1\tau_2|v|\sigma_{1'}\sigma_{2'}\tau_{1'}\tau_{2'}\mathbf{p}_{1'}\mathbf{p}_{2'}\rangle = \delta_{\sigma_1\sigma_{1'}} \, \delta_{\sigma_2\sigma_{2'}} \, \delta_{\tau_1\tau_{1'}} \, \delta_{\tau_2\tau_{2'}}$$
$$\cdot \, (2\pi)^3\delta^3(\mathbf{p}_1 + \mathbf{p}_2 - \mathbf{p}_{1'} - \mathbf{p}_{2'}) \, v(\mathbf{p}_2 - \mathbf{p}_{2'}), \quad (13.63)$$

welche die Impulserhaltung im 2-Teilchenstoß zum Ausdruck bringt.

Unter den obigen Annahmen können wir den Ausdruck (13.60) unmittelbar auswerten und erhalten mit $\epsilon(\mathbf{p}) = \hbar^2\mathbf{p}^2/2m$

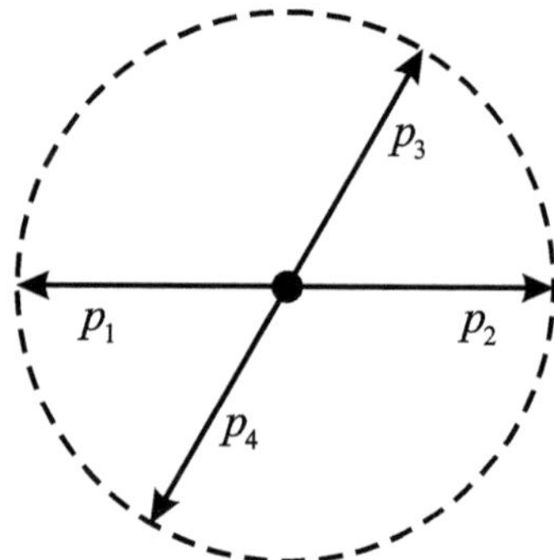

Abb. 13.1 Beispiel für einen Stoßprozess $\mathbf{p}_1 + \mathbf{p}_2 \rightarrow \mathbf{p}_3 + \mathbf{p}_4$ im Schwerpunktsystem mit Erhaltung von Energie und Impuls

$$I(\mathbf{p}_1, \mathbf{p}_1; t)$$

$$= \frac{2\pi}{\hbar}(2s+1)(2\tau+1)\frac{1}{(2\pi)^3} \int d^3p_2 d^3p_3 d^3p_4\, \delta\left(\frac{\hbar^2}{2m}[p_1^2 + p_2^2 - p_3^2 - p_4^2]\right)$$

$$\delta^3(\mathbf{p}_1 + \mathbf{p}_2 - \mathbf{p}_3 - \mathbf{p}_4)\delta^3(\mathbf{p}_3 + \mathbf{p}_4 - \mathbf{p}_1 - \mathbf{p}_2)v(\mathbf{p}_2 - \mathbf{p}_4)v_A(\mathbf{p}_4 - \mathbf{p}_2)$$

$$\{n(\mathbf{p}_3; t)n(\mathbf{p}_4; t)\bar{n}(\mathbf{p}_1; t)\bar{n}(\mathbf{p}_2; t) - n(\mathbf{p}_1; t)n(\mathbf{p}_2; t)\bar{n}(\mathbf{p}_3; t)\bar{n}(\mathbf{p}_4; t)\}. \qquad (13.64)$$

Gl. (13.64) beschreibt Streuprozesse $\mathbf{p}_1 + \mathbf{p}_2 \rightarrow \mathbf{p}_3 + \mathbf{p}_4$ ('loss'-Term) sowie $\mathbf{p}_3 + \mathbf{p}_4 \rightarrow \mathbf{p}_1 + \mathbf{p}_2$ ('gain'-Term) unter Energie- und Impulserhaltung (siehe Abb. 13.1): Weiterhin dürfen die durch die Impulse $\mathbf{p}_3$, $\mathbf{p}_4$ beschriebenen Endzustände (für die 'loss'-Terme) bzw. $\mathbf{p}_1$, $\mathbf{p}_2$ (für die 'gain'-Terme) nicht vollständig besetzt sein aufgrund der Faktoren $\bar{n}(\mathbf{p}_i; t)$, welche das Pauli Prinzip für Fermionen beinhalten.

Die Faktoren $(2s+1)$ für die Summation über Spin von Teilchen 2 und $(2\tau+1)$ für die Summation über Isospin (oder weitere innere Freiheitsgrade) von Teilchen 2 fassen wir zusammen in einen Faktor g; im Falle von Elektronen haben wir ($s = 1/2$, $\tau = 0$) g=2, während für Nukleonen ($s = 1/2$, $\tau = 1/2$) g=4 resultiert.

Der Zusammenhang mit 2-Teilchenstreuprozessen wird unmittelbar deutlich, wenn wir das Produkt $v \cdot v_A$ mit dem differentiellen Wirkungsquerschnitt $d\sigma/d\Omega$ in **Born'scher Näherung** (vgl. Quantentheorie) in Verbindung bringen,

$$\frac{d\sigma}{d\Omega}(\mathbf{p}_1 + \mathbf{p}_2, \mathbf{p}_2 - \mathbf{p}_4) = \frac{m^2}{16\pi^2\hbar^4}v(\mathbf{p}_2 - \mathbf{p}_4)v_A(\mathbf{p}_4 - \mathbf{p}_2), \qquad (13.65)$$

was auf

$$I(\mathbf{p}_1, \mathbf{p}_1'; t) = (2\pi)^3 \delta(\mathbf{p}_1 - \mathbf{p}_1') \frac{16\pi^2 \hbar^3}{m^2} \frac{g}{(2\pi)^5} \int d^3 p_2 d^3 p_3 d^3 p_4$$

$$\delta\left(\frac{\hbar^2}{2m}[p_1^2 + p_2^2 - p_3^2 - p_4^2]\right) \delta^3(\mathbf{p}_1 + \mathbf{p}_2 - \mathbf{p}_3 - \mathbf{p}_4) \frac{d\sigma}{d\Omega}(\mathbf{p}_1 + \mathbf{p}_2, \mathbf{p}_2 - \mathbf{p}_4)$$

$$\{n(\mathbf{p}_3; t)n(\mathbf{p}_4; t)\bar{n}(\mathbf{p}_1; t)\bar{n}(\mathbf{p}_2; t) - n(\mathbf{p}_1; t)n(\mathbf{p}_2; t)\bar{n}(\mathbf{p}_3; t)\bar{n}(\mathbf{p}_4; t)\} \qquad (13.66)$$

führt, wobei wir in einer der beiden δ-Funktionen im Impuls die Hilfsvariable $\mathbf{p}_1'$ eingeführt haben. Gl. (13.66) läßt sich weiter vereinfachen, indem wir (nach Transformation auf Relativ- und Schwerpunktsimpulse) über die δ-Funktionen in (13.66) integrieren. Mit dem Betrag der Relativgeschwindigkeit

$$v_{12} = \frac{\hbar}{m}|\mathbf{p}_1 - \mathbf{p}_2| \qquad (13.67)$$

erhalten wir schließlich

$$I(\mathbf{p}_1, \mathbf{p}_1'; t) = (2\pi)^3 \delta(\mathbf{p}_1 - \mathbf{p}_1') \frac{g}{(2\pi)^3} \int d^3 p_2 \int d\Omega \, v_{12} \frac{d\sigma}{d\Omega}(\mathbf{p}_1 + \mathbf{p}_2, \mathbf{p}_2 - \mathbf{p}_4)$$

$$\times \{n(\mathbf{p}_3; t)n(\mathbf{p}_4; t)\bar{n}(\mathbf{p}_1; t)\bar{n}(\mathbf{p}_2; t) - n(\mathbf{p}_1; t)n(\mathbf{p}_2; t)\bar{n}(\mathbf{p}_3; t)\bar{n}(\mathbf{p}_4; t)\},$$
$$(13.68)$$

wobei Ω den Streuwinkel im Schwerpunktsystem bezeichnet und zu beachten ist, daß die Impulse $\mathbf{p}_3$ und $\mathbf{p}_4$ nach wie vor über Energie- und Impulserhaltung mit $\mathbf{p}_1$ und $\mathbf{p}_2$ verknüpft sind.

Den Übergang von der hier untersuchten Impulsraumdarstellung zur Phasenraumdarstellung erfolgt nun durch eine inverse Wigner Transformation,

$$I(\mathbf{r}, \mathbf{p}; t) = \frac{1}{(2\pi)^3} \int d^3 q \, \exp\{i\mathbf{q} \cdot \mathbf{r}\} I(\mathbf{p} + \mathbf{q}/2, \mathbf{p} - \mathbf{q}/2; t)$$

$$= \int d^3 q \, \exp\{i\mathbf{q} \cdot \mathbf{r}\} \, \delta(\mathbf{q}) \, I_{coll}(\mathbf{p}; t) = I_{coll}(\mathbf{p}; t)$$

$$= \frac{g}{(2\pi)^3} \int d^3 p_2 \int d\Omega \, v_{12} \frac{d\sigma}{d\Omega}(\mathbf{p}_1 + \mathbf{p}_2, \mathbf{p}_2 - \mathbf{p}_4)$$

$$\{n(\mathbf{p}_3; t)n(\mathbf{p}_4; t)\bar{n}(\mathbf{p}_1; t)\bar{n}(\mathbf{p}_2; t) - n(\mathbf{p}_1; t)n(\mathbf{p}_2; t)\bar{n}(\mathbf{p}_3; t)\bar{n}(\mathbf{p}_4; t)\}, \qquad (13.69)$$

womit wir das Endresultat für alle weiteren Anwendungen erreicht haben.

Im Falle des **thermodynamischen Gleichgewichts** (für $t \to \infty$), d.h. $I_{coll}(\mathbf{p}; t) \to 0$ für alle $\mathbf{p}$, erfüllt die Fermi Verteilung

$$n(\epsilon) = \frac{1}{\exp(\beta(\epsilon - \mu)) + 1} \tag{13.70}$$

die notwendige Bedingung

$$\{n(\mathbf{p}_3; t)n(\mathbf{p}_4; t)\bar{n}(\mathbf{p}_1; t)\bar{n}(\mathbf{p}_2; t) - n(\mathbf{p}_1; t)n(\mathbf{p}_2; t)\bar{n}(\mathbf{p}_3; t)\bar{n}(\mathbf{p}_4; t)\} = 0 \tag{13.71}$$

und ist damit Lösung von (13.69) für $I_{coll} = 0$.

Beweis

Mit $\epsilon(\mathbf{p}) = \hbar^2 \mathbf{p}^2 / 2m$ und die für die Fermi Verteilung für alle β und μ gültige Identität

$$\bar{n}(\epsilon) = 1 - n(\epsilon) = \frac{\exp\{\beta(\epsilon - \mu)\}}{1 + \exp\{\beta(\epsilon - \mu)\}} \tag{13.72}$$

führt (13.71) auf die Bedingung

$$\exp\{\beta(\epsilon(\mathbf{p}_1) - \mu)\} \exp\{\beta(\epsilon(\mathbf{p}_2) - \mu)\} - \exp\{\beta(\epsilon(\mathbf{p}_3) - \mu)\} \exp\{\beta(\epsilon(\mathbf{p}_4) - \mu)\} = 0, \tag{13.73}$$

welche äquivalent ist zu

$$\exp\{\beta(\epsilon(\mathbf{p}_1) + \epsilon(\mathbf{p}_2))\} = \exp\{\beta(\epsilon(\mathbf{p}_3) + \epsilon(\mathbf{p}_4))\}. \tag{13.74}$$

Diese letztere Indentität ist nach (13.66) jedoch aufgrund der Energieerhaltung im 2-Teilchenstoß (d.h. $\delta(\epsilon(\mathbf{p}_1) + \epsilon(\mathbf{p}_2) - \epsilon(\mathbf{p}_3) - \epsilon(\mathbf{p}_4))$) immer erfüllt, womit die obige Aussage bewiesen ist.

13.7 Die Vlasov-Uehling-Uhlenbeck Gleichung

Mit den Ergebnissen aus den vorangehenden Abschnitten können wir nun den semiklassischen Limes der Gl. (13.25) in der Phasenraumdarstellung angeben, wenn wir $n(\mathbf{p}; t)$ mit der lokalen Phasenraum-Besetzungswahrscheinlichkeit $\rho(\mathbf{r}, \mathbf{p}; t)$ bei hinreichend ausgedehnten Systemen identifizieren. Die Kombination der Vlasov Gl. (13.48) und des Stoßterms I_{coll} (13.69) liefert dann die **Vlasov-Uehling-Uhlenbeck (VUU)** Gleichung, die in der Literatur auch unter den Namen Vlasov-Nordheim oder Boltzmann-Uehling-Uhlenbeck (BUU) Gleichung bekannt ist,

$$\left\{\frac{\partial}{\partial t} + \frac{\mathbf{p}_1}{m} \cdot \nabla_{\mathbf{r}} - \nabla_{\mathbf{r}} U(\mathbf{r}, t) \cdot \nabla_{\mathbf{p}_1}\right\} \rho(\mathbf{r}, \mathbf{p}_1; t) = I_{coll}(\mathbf{r}, \mathbf{p}_1; t)$$

$$= \frac{g}{(2\pi)^3} \int d^3 p_2 \int d\Omega \, v_{12} \frac{d\sigma}{d\Omega}(\mathbf{p}_1 + \mathbf{p}_2, \mathbf{p}_2 - \mathbf{p}_4)$$

$$\{\rho(\mathbf{r}, \mathbf{p}_3; t)\rho(\mathbf{r}, \mathbf{p}_4; t)\bar\rho(\mathbf{r}, \mathbf{p}_1; t)\bar\rho(\mathbf{r}, \mathbf{p}_2; t)$$

$$- \rho(\mathbf{r}, \mathbf{p}_1; t)\rho(\mathbf{r}, \mathbf{p}_2; t)\bar\rho(\mathbf{r}, \mathbf{p}_3; t)\bar\rho(\mathbf{r}, \mathbf{p}_4; t)\}, \tag{13.75}$$

welche die Zeitentwicklung eines Systems von Fermionen unter dem Einfluß eines zeitabhängigen selbstkonsistenten mittleren Feldes $U(\mathbf{r}; t)$ sowie Energie- und Impulserhaltenden 2-Teilchenstößen beschreibt. Sie dient als Ausgangsbasis für verschiedene Testteilchen-Simulationen in der Festkörper-, Atom- und Kernphysik und hat entscheidend zum Verständnis der Dynamik von Fermi-Systemen weit ab vom Gleichgewicht beigetragen.

Bemerkung

Im Falle von klassischen Teilchen (oder geringen Phasenraumdichten und/oder hohen Temperaturen des Systems) vereinfacht sich (13.75) insoweit, daß die Pauli-Blocking Faktoren $\bar\rho(\mathbf{r}, \mathbf{p}_i; t) = 1$ gesetzt werden. Die weitere Näherung $\nabla_{\mathbf{r}} U(\mathbf{r}; t) = 0$ liefert dann die **Boltzmann Gleichung**

$$\frac{\partial}{\partial t} + \frac{\mathbf{p}_1}{m} \cdot \nabla_{\mathbf{r}}\}\rho(\mathbf{r}, \mathbf{p}_1; t) = \frac{g}{(2\pi)^3} \int d^3 p_2 \int d\Omega \, v_{12} \frac{d\sigma}{d\Omega}(\mathbf{p}_1 + \mathbf{p}_2)$$

$$\cdot \{\rho(\mathbf{r}, \mathbf{p}_3; t)\rho(\mathbf{r}, \mathbf{p}_4; t) - \rho(\mathbf{r}, \mathbf{p}_1; t)\rho(\mathbf{r}, \mathbf{p}_2; t)\}, \tag{13.76}$$

die zur Beschreibung der Dynamik klassischer Gasteilchen verwendet wird. Dabei ist weiterhin zu beachten, daß die Impulse $\mathbf{p}_1, \mathbf{p}_2, \mathbf{p}_3, \mathbf{p}_4$ über Energie- und Impulserhaltung miteinander verknüpft sind.

13.8 Stoßraten, mittlere freie Weglänge

Um eine Abschätzung der Zeitskalen zu erhalten, die für ein Erreichen der Gleichgewichtskonfiguration oder des statistischen Gleichgewichts notwendig sind, betrachten wir den Spezialfall eines Teilchens mit Impuls $\mathbf{p}$, welches in einem hinreichend (bzw. unendlich) großen und homogenen Fermi-System propagiert, das für Temperatur $T = 0$ im Impulsraum durch eine Fermikugel mit Radius p_F dargestellt werden kann. Einen solchen Fall kann man experimentell dadurch realisieren, daß man entweder ein Elektron auf einen metallischen Festkörper oder auch ein Proton auf einen **großen** Atomkern wie Pb schießt. Die entsprechende Konfiguration im Impulsraum ist in Abb. 13.2 dargestellt:

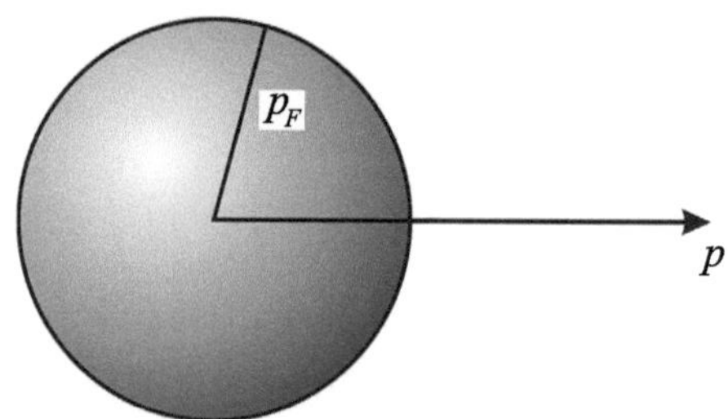

Abb. 13.2 Beispiel für die Impulsverteilung in der Streuung eines Protons mit Impuls p mit einem 'Atomkern', bei dem alle Impulse bis zum Fermiimpuls p_F besetzt sind

Aufgrund der Homogenität des Systems hängt die Phasenraumdichte nicht vom Ort $\mathbf{r}$ ab und die Änderung der Besetzungszahl des Zustandes mit Impuls $\mathbf{p}$ aufgrund von Stoßprozessen von $\mathbf{p}$ mit $\mathbf{p}_2$ wird beschrieben durch den ‚loss'-Term

$$\frac{d}{dt}\,n(\mathbf{p};t) = -\frac{g}{(2\pi)^3}\int d^3p_2 \int d\Omega\, v_{12}\frac{d\sigma}{d\Omega}(\mathbf{p}+\mathbf{p}_2,\mathbf{p}_2-\mathbf{p}_4) \tag{13.77}$$

$$n(\mathbf{p};t)n(\mathbf{p}_2)\bar{n}(\mathbf{p}_3)\bar{n}(\mathbf{p}_4),$$

wobei die Rückwirkung der Streuprozesse auf das ‚kalte' Fermi-System vernachlässigt wurde. Wegen der Linearität von (13.77) in $n(\mathbf{p};t)$ können wir auch schreiben

$$\frac{d}{dt}\,n(\mathbf{p};t) = -\frac{1}{\tau_r(\mathbf{p})}n(\mathbf{p};t) \tag{13.78}$$

mit der **Stoßrate**

$$\tau_r(\mathbf{p})^{-1} = \frac{g}{(2\pi)^3}\int d^3p_2 \int d\Omega\, v_{12}\frac{d\sigma}{d\Omega}(\mathbf{p}+\mathbf{p}_2,\mathbf{p}_2-\mathbf{p}_4)n(\mathbf{p}_2)\bar{n}(\mathbf{p}_3)\bar{n}(\mathbf{p}_4). \tag{13.79}$$

Die Größe $\tau_r(\mathbf{p})$ wird auch als **Relaxationszeit** bezeichnet, da die Lösung der Differential-Gl. (13.78) mit der Randbedingung $n(\mathbf{p};t=0)=1$ gegeben ist durch

$$n(\mathbf{p};t) = \exp\left\{-\frac{t}{\tau_r(\mathbf{p})}\right\}. \tag{13.80}$$

Die Relaxationszeit gibt daher an, innerhalb welcher Zeit ein Einteilchenzustand, der im thermodynamischen Gleichgewicht nicht (bzw. sehr schwach) besetzt ist, über Streuprozesse auf die Wahrscheinlichkeit $1/e$ abfällt.

Wie eine Betrachtung der Abb. 13.2 sofort verdeutlicht, ist wegen der Energieerhaltung in 2-Teilchenstößen bei der Temperatur $T=0$ die Relaxationszeit $\tau_r(\mathbf{p}) = \infty$ für alle $p < p_F$ aufgrund des Pauli-Blockings, d.h. trotz möglicherweise starker Wechselwirkung können die Teilchen im Grundzustand keine Stöße ausführen! Erst für $p > p_F$ öffnet sich der erlaubte Phasenraum und die Stoßrate wächst quadratisch (ohne Beweis) mit der Energie oberhalb der Fermienergie, d. h.

$$\tau_r(\epsilon(\mathbf{p}))^{-1} \sim \frac{(\epsilon(\mathbf{p}) - \epsilon_F)^2}{\epsilon_F^2} \tag{13.81}$$

mit $\epsilon_F = \hbar^2/2m\, p_F^2$. Für $p \gg p_F$ schließlich verliert das Pauli-Blocking an Bedeutung und wir erhalten das klassische Ergebnis für die Stoßrate mit $v = p/m = \langle v_{12} \rangle$,

$$
\begin{aligned}
\tau_r(\mathbf{p})^{-1} &\approx \frac{g}{(2\pi)^3} v \int d^3 p_2 \int d\Omega\, \frac{d\sigma}{d\Omega}(\mathbf{p})\, n(\mathbf{p}_2) \\
&= \frac{g}{(2\pi)^3} v \int d^3 p_2\, \sigma(\mathbf{p})\, n(\mathbf{p}_2) \\
&= v\, \sigma(\mathbf{p})\, \frac{g}{(2\pi)^3} \int d^3 p_2\, n(\mathbf{p}_2) = v\, \sigma(\mathbf{p})\, \rho
\end{aligned} \tag{13.82}
$$

mit der Dichte $\rho = g/(6\pi^2)p_F^3$. Im klassischen Grenzfall ist – wie zu erwarten – die Stoßrate direkt proportional zur Relativgeschwindigkeit v, dem totalen Querschnitt σ und der Dichte ρ des Systems.

Mit der für homogene Systeme gültigen Relation,

$$\frac{d}{dt} n(\mathbf{p}; t) = \mathbf{v} \cdot \frac{\partial}{\partial \mathbf{r}} n(\mathbf{p}; \mathbf{r}), \tag{13.83}$$

erhalten wir alternativ

$$\frac{\partial}{\partial r} n(\mathbf{p}; \mathbf{r}) = -\frac{1}{\lambda(\mathbf{p})} n(\mathbf{p}; \mathbf{r}) \tag{13.84}$$

mit der **mittleren-freien-Weglänge**

$$\lambda(\mathbf{p}) = \frac{1}{\sigma(\mathbf{p})\rho} \tag{13.85}$$

für klassische Teilchen.

Bemerkung Inelastische Anregungen der Teilchen bzw. chemische Reaktionen werden beschrieben durch einen gekoppelten Satz an Transportgleichungen, in welchen für jede Teilchensorte j die Übergangsraten $v_{12}\sigma_{jk}$ zu Teilchen der Sorte k integriert werden.

Ohne expliziten Beweis soll weiterhin das vergleichbare Ergebnis für Bose-Systeme erwähnt werden: Wir setzen in (13.74) $\bar{\rho}(\mathbf{r}, \mathbf{p}; t) = 1 + \rho(\mathbf{r}, \mathbf{p}; t)$, wobei $\rho(\mathbf{r}, \mathbf{p}; t)$ in diesem

Fall die Phasenraumdichte der Bosonen darstellt. Analog zu Gl. (13.70) ist die Gleichgewichtslösung dann die Bose-Verteilung (6.13).

Zusammenfassend läßt sich für dieses Kapitel sagen, daß wir mit der VUU Gl. (13.74) oder der Boltzmann Gl. (13.75) den Rahmen für die Beschreibung von Fermi-Systemen oder klassischen Teilchen fernab vom Gleichgewicht bis hin zum thermodynamischen Gleichgewicht für $t \to \infty$ gesetzt haben. Die Lösung dieser Gleichungen kann effizient im Testteilchen-Ansatz erreicht werden.

Stichwortverzeichnis

© Der/die Autor(en), exklusiv lizenziert an Springer Nature Switzerland AG 2025
W. Cassing, *Theoretische Physik kompakt IV*,
https://doi.org/10.1007/978-3-031-96450-3